Manfred Zimmermann

EINFÜHRUNG
IN DIE
LITERARISCHEN GATTUNGEN

Du würdest mich nicht suchen,
hättest Du mich nicht schon gefunden.

Augustinus

transparent  verlag berlin

Vorbemerkung

Dieses Heft gibt einen Überblick über die wichtigsten formalen Besonderheiten der drei großen literarischen Gattungen, die bei der Charakterisierung eines Textes und der Begründung einer Interpretation von Nutzen sein können. Es ist keine Anleitung zum Herangehen an Literatur, sondern eine Ergänzung und ein Nachschlagewerk für Fachbegriffe. Es ist also nicht so gemeint, dass man Literatur erst dann verstehen kann, wenn man diese Definitionen beherrscht.

An dieser Stelle möchte ich mich bei Frau Dr. Hansel für die kritische Mitarbeit vor allem am ersten Kapitel, bei Frau Augustin für die Fotos und die Ideen zur Interpretation der drei Textbeispiele bedanken. Anregungen zum Aufbau und zu einzelnen Aspekten gaben mir Frau Dr. Klapdor und Frau Stief. Beim Korrekturlesen waren mir Frau Dr. Klapdor, Frau Knüver und Frau Stief behilflich.

Im transparent verlag berlin sind folgende Bücher für den Zweiten Bildungsweg erschienen:

Vorkurs Mathematik (ISBN 3 - 927 055 - 04 – 2)

Grundwissen deutsche Grammatik (ISBN 3 - 927 055 - 00 – X)

Einführungsphase Mathematik (ISBN 3 - 927 055 - 03 – 4)

© 2014	Manfred Zimmermann
1. Auflage	Berlin 1987
10. Auflage	Berlin 2014
Mitarbeit	Irene Augustin, Dr. Beate Hansel
Fotos	Irene Augustin
Verlag	transparent verlag berlin
Druck und Vertrieb	www.lulu.de
ISBN	ISBN 978-1-291-70951-3

INHALT

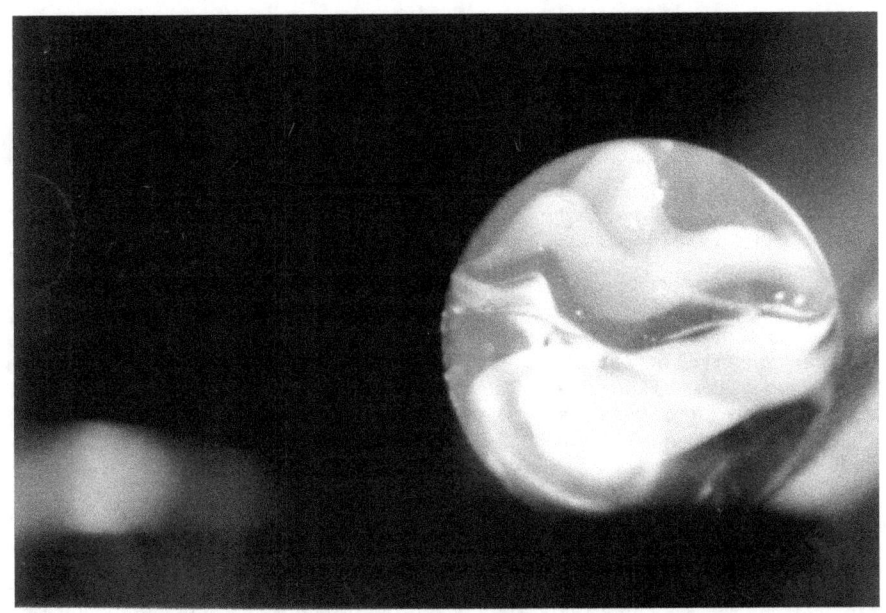

BESONDERHEITEN LITERARISCHER TEXTE

Wenn man Texte versteht, interpretiert man bereits. Man gibt schwarzen Zeichen auf weißem Papier eine Bedeutung, einen Sinn. Ziel des Deutschunterrichts ist es, diesen Interpretationsvorgang bewusst zu machen und das erste Verstehen zu überprüfen. Dabei stellt man häufig fest, dass man beim ersten Lesen zu schnell war und vieles überlesen hat. Untersucht man den Text genauer, d.h. vor allem die sprachliche Form, so stellen sich Fragen, zeigt sich Unverständliches, Befremdliches. Die Analyse und Interpretation dieser Elemente führt in der Regel zu einem vertieften, wenn auch immer noch nicht endgültigen Verständnis des Textes. Dieses Verfahren nennt man den **hermeneutischen Zirkel**. Die Hermeneutik untersucht die Bedingungen und den Weg des Verstehens. Das Wort ist von dem griechischen Verb hermeneuein (= auslegen, erklären) abgeleitet, das wiederum auf Hermes, den Vermittler zwischen Göttern und Menschen zurückgeht. Es wird deshalb als Zirkel bezeichnet, weil der Dreischritt: Verstehen, Überprüfen des Verstehens, neues Verstehens zum einen eine Kreisbewegung darstellt, zum anderen aber nie zu einem Abschluss kommt.

Obwohl literarische Texte sich detailliert auf Wirklichkeit beziehen können (*Der Herbstvormittag, an dem mir jener Unbekannte auf der Piazza San Marco zum ersten Male auffiel, liegt nun etwa zwei Monate zurück.* Th. Mann, *Enttäuschung*, S.106), geben sie meist keine realen Ereignisse wieder. Ein literarisches Ereignis erhält seine Wahrheit nicht dadurch, dass es wirklich stattgefunden hat, sondern durch seine Bedeutung im Zusammenhang des Textes. Literarische Texte erzeugen eine **Fiktion** (fictio, lat.: erdichtetes Gebilde, Schein-Realität, erfundene Realität), auch wenn manche Leser die dargestellten Figuren und Handlungen als wirklich erleben. Sie gestalten einen Einzelfall, ein Besonderes, aber als Verdichtung von etwas Allgemeinem, das sich häufig dem Bewusstsein des Autors und des Lesers entzieht. Wort und Satz meinen anderes und mehr, als sie buchstäblich sagen. Sie verlangen einen aktiven Leser, der die Wörter und das Geschehen mit einer Bedeutung versieht, die dem eigenen Bewusstsein, den eigenen Erfahrungen und Erkenntnissen entspringt.

Literarische Texte sind immer auch zeitgebunden. Sie enthalten vergangene Erfahrungen in Formen, die Ausdruck ihrer Zeit sind, auch wenn *das Allgemeine* über die Zeit ihrer Entstehung hinausweist. Der sozialgeschichtliche und literaturgeschichtliche Zusammenhang, so notwendig er für das Verständnis eines Textes ist, würde aber den Rahmen dieses Arbeitsheftes sprengen. Es sei deshalb ausdrücklich auf Literaturgeschichten verwiesen.

Die drei literarischen Gattungen haben verschiedene Merkmale und leisten Unterschiedliches.

In einem **erzählenden (= epischen) Text** beispielsweise kann der Autor für den Leser eine ganze Welt entwerfen, sie mit zahllosen Figuren bevölkern, Phantasiegebilde auftauchen lassen, willkürlich über Raum und Zeit gebieten. Er kann eine Handlung in verschiedenen Erdteilen spielen lassen, er kann Vergangenes nachholen und auf Zukünftiges verweisen. Zur Wirklichkeit wird diese erzählte Welt im Kopf des Lesers - und nur dort. Das Geschehen existiert nur, indem es erzählt wird.

Anders verhält es sich mit der **dramatischen Literatur**. Sie ist meist nicht zum Lesen gedacht, sondern eine Handlungsanweisung für Regisseure und Schauspieler. Die Handlung und die Figuren, die der Phantasie des Autors entsprungen sind, gewinnen sozusagen objektive Realität - nämlich auf der Bühne. Das hat den Vorteil, dass die Wirkung auf die Zuschauer eine unmittelbare ist, erlegt dem Autor aber auch Beschränkungen auf. So kann man z. B. ein sich gleichzeitig zur Haupthandlung an einem anderen Ort abspielendes Geschehen kaum - und noch weniger zur gleichen Zeit - auf die Bühne bringen; das Gleiche gilt für vergangene Geschehnisse oder Vorgänge, die sich im Inneren der handelnden Figuren abspielen. Nur durch Kunstgriffe wie Mauerschau, Botenbericht und Monolog lassen sich diese Schwierigkeiten mehr oder minder elegant überwinden.

Der **Film** ist aufgrund der damit verbundenen technischen Möglichkeiten in der Lage, die speziellen Leistungen der Epik mit denen der Dramatik zu verbinden.

Die **Lyrik** ist in mehrerer Hinsicht die subjektivste der drei Dichtungsgattungen. Gedichte haben - abgesehen von den Balladen, die der Epik verwandt sind - weder handelnde Personen noch eine Handlung, oft ist sogar schwer zu sagen, was denn eigentlich der Inhalt eines Gedichtes ist. In einem lyrischen Text spricht sich ein nicht näher bezeichnetes Ich monologisch über seine Eindrücke, Gedanken und Empfindungen aus. Sprachlich geschieht dies in sehr viel höherem Ausmaß als in den anderen Gattungen durch Bilder, die sich häufig so sehr verselbstständigen, dass ihnen keine vorstellbare Welt mehr entspricht. Gedichte gelten daher oft als schwer verständlich, und es geschieht häufiger als bei anderen literarischen Texten, dass man mit einem Gedicht überhaupt nichts anfangen kann. Eine genaue, die Details berücksichtigende Analyse des Textes und ein Sich-Bewusstmachen der eigenen Assoziationen sind daher für das Verständnis von Gedichten unerlässlich.

EPIK

Epos, griech.: das Wort, die Erzählung
Epik, griech.: das Epos betreffend: erzählende Literatur

Zur Epik gehören Texte unterschiedlicher Art wie z. B. Romane, Novellen, Märchen, Sagen, Kurzgeschichten, Kalendergeschichten.

Sie alle haben eines gemeinsam: **Es wird erzählt.** Aus Geschehen, Raum, Zeit und Figuren baut ein Erzähler eine fiktionale Welt. Fiktionalität meint dabei nicht, dass die Geschichte erfunden wurde, sondern dass so erzählt wird, dass der Leser oder Zuhörer nicht nach einem Bezug außerhalb des Erzählten fragt.

Der Erzähler kann in Er-Form oder Ich-Form erzählen und verschiedene Standpunkte gegenüber der Geschichte wählen (Perspektive: z. B. außerhalb des Geschehens stehend; oder: Sichtweise der Haupt- oder einer Nebenfigur) und gegenüber dem Erzählten verschiedene Haltungen einnehmen (z. B. neutral, ironisch).

In den epischen Kurzformen (z. B. Kurzgeschichten) wird in der Regel eine besondere Situation erzählt, während in Romanen meist eine Entwicklung (z. B. eines Menschen) oder das Fehlen einer Entwicklung dargestellt wird.

Im Folgenden werden einige formale Merkmale der Epik aufgeführt. So spannend es ist, die Inhalte und die Hintergründe bei der Entstehung formaler Besonderheiten im gesellschaftlichen und historischen Zusammenhang zu betrachten, so sprengt dies doch den Rahmen dieser kleinen Einführung.

Er stand vom Schreibtisch auf, von seiner kleinen, gebrechlichen Schreibkommode, stand auf wie ein Verzweifelter und ging mit hängendem Kopfe in den entgegengesetzten Winkel des Zimmers zum Ofen, der lang und schlank war wie eine Säule. Er legte die Hände an die Kacheln, aber sie waren fast ganz erkaltet, denn Mitternacht war lange vorbei, und so lehnte er, ohne die kleine Wohltat empfangen zu haben, die er suchte, den Rücken daran, zog hustend die Schöße seines Schlafrockes zusammen, aus dessen Brustaufschlägen das verwaschene Spitzenjabot [jabot = Rüsche an Hemden, M.Z] heraushing, und schnob mühsam durch die Nase, um sich ein wenig Luft zu verschaffen; denn er hatte den Schnupfen wie gewöhnlich.

Thomas Mann, Schwere Stunde (1905). S.411

Woran erkennt man, dass hier nicht ein Vorgang geschildert wird, der sich wirklich ereignet hat, sondern eine Fiktion erzeugt wird? Der Erzähler, der sich als solcher hier nicht zu erkennen gibt, beginnt neutral, im sachlichen Stil, *in medias res* (lat. = mitten in die Dinge), ohne Vorgeschichte, ohne Erzeugung einer Atmosphäre, aber dann wechselt er in den fiktionalen Stil. Mit einigen Federstrichen entstehen ein Raum mit Gegenständen, die eine Bedeutung erhalten (Kommode, Ofen), und eine Figur, die über Charakterisierung, Verhalten und einen kurzen Einblick in ihre Intention (Suche nach einer Wohltat) Leben erhält, obwohl wir auch am Ende des ersten Abschnitts die äußeren Daten (Namen, Alter, Beruf, Familienstand usw.) noch nicht näher wissen.

1 Der Erzähler

Es wird häufig angenommen, dass der Erzähler mit dem Autor eines Textes identisch ist. Wie an dem folgenden extremen Beispiel (Gulliver bei den Lilliputanern) deutlich wird, ist es aber sinnvoll, einen Unterschied zu machen.

Mittlerweile fühlte ich, wie sich etwas auf meinem linken Bein bewegte, irgendein Geschöpf rückte leise vorwärts und kam vorsichtig über meine Brust bis fast an mein Kinn. Als ich die Augen, so weit es ging, nach unten wandte, erkannte ich in demselben eine Menschengestalt von noch nicht sechs Zoll Höhe, mit Bogen und Pfeil in der Hand und mit einem Köcher auf dem Rücken.

Jonathan Swift, Gullivers Reisen. S.19

Der Erzähler ist also nicht identisch mit dem Autor, sondern eine Kunstfigur, eine Erfindung, die mehr oder weniger deutlich zu erkennen gibt, dass die Erzählung erzählt wird.

Natürlich ist das Erzähler-Ich nie mein privates Ich, natürlich nicht, aber vielleicht muss man schon Schriftsteller sein, um zu wissen, dass jedes Ich, das sich ausspricht, eine Rolle ist. Immer. Auch im Leben... Jeder Mensch erfindet sich früher oder später eine Geschichte, die er, oft unter gewaltigen Opfern, für sein Leben hält, oder eine Reihe von Geschichten, die mit Namen und Daten zu belegen sind, so dass an ihrer Wirklichkeit, scheint es, nicht zu zweifeln ist

Max Frisch, in: Bienek. S.27

Die Herausarbeitung des Erzählers ist der zentrale Schlüssel zur Analyse eines epischen Textes.

Im Folgenden werden einige Möglichkeiten dargestellt, wie man den Erzähler charakterisieren kann. Obwohl die hier verwendeten Fachbegriffe weit verbreitet sind, gibt es keine einheitlichen Definitionen. Außerdem treten – vor allem in neueren literarischen Texten – auch in einem einzelnen Werk verschiedene Merkmale (z. B. auktorialer und personaler Erzähler) gleichzeitig auf, so dass eine eindeutige Zuordnung zu einem Werk nicht immer möglich ist.

1.1 Er-Erzähler und Ich-Erzähler (Erzählform)

Die Erzählform bietet ein erstes Einteilungsprinzip für epische Texte.
Bei der **Er-Form** erzählt ein Erzähler die Geschichte anderer Figuren.

Hierauf sprang die Mutter auf, küsste ihn und die Tochter und fragte, indem der Vater über ihre Geschäftigkeit lächelte, wie man dem Grafen jetzt diese Erklärung augenblicklich hinterbringen solle?
Heinrich von Kleist, Die Marquise von O... S.118

Bei der Er-Form ist es nicht ausgeschlossen, dass der Erzähler sich beiläufig als Ich ins Spiel bringt, wie etwa in dem folgenden Beispiel:

Es wird meinen Leserinnen nicht unangenehm zu erfahren sein, dass der Bräutigam jetzo einen lederfarbenen Ehrenfrack anhat.
Jean Paul, Siebenkäs

Bei der **Ich-Form** ist das erzählende Ich auch handelnde Figur.

Ich-Erzählungen wirken auf den Leser zunächst wie eine Autobiographie. Sie vermitteln nicht so sehr das Erlebnis einer fiktionalen Welt, sondern scheinen Aussagen über die Wirklichkeit zu machen. Häufig sind aber gerade die unwahrscheinlichsten Geschichten in Ich-Form geschrieben, geben eine subjektive Sicht der Welt (Nähe zum lyrischen Ich). Beispiele: Swift, Gullivers Reisen; Karl Mays Reiseerzählungen. Die übrigen Figuren erhalten kein Eigenleben (es gibt keine erlebte Rede, keine Verben innerer Vorgänge). Sie werden nur in ihrer Beziehung zum Ich-Erzähler gesehen.
Ich weiß von jemandem, der...

Ich lief mit großer Eilfertigkeit durch die Stadt, um mich sogleich wieder in dem Gartenhause zu melden, wo die schöne Frau gestern abend gesungen hatte. Auf den Straßen war unterdes alles lebendig geworden, Herren und Damen zogen im Sonnenschein und neigten sich und grüßten bunt durcheinander, prächtige Karossen rasselten dazwischen, und von allen Türmen läutete es zur Messe, dass die Klänge über dem Gewühl wunderbar in der klaren Luft durcheinander hallten.   Eichendorff, *Aus dem Leben eines Taugenichts*. S. 1117

Die Handlung spielt in Italien, wo Eichendorff nie gewesen ist. Es handelt sich hier also auch um einen fiktiven Erzähler, der eine fiktive Geschichte erzählt.

Bei der Ich-Erzählung unterscheidet man **erzählendes** und **erlebendes** (= erzähltes) **Ich**. Gerade wenn das erzählende Ich ein lange zurückliegendes Erlebnis erzählt, müssen diese beiden Ichs unterschieden werden.

Eben habe ich „ich" hingeschrieben, habe gesagt, dass ich am 7. Juni 1913 mir mittags einen Fiaker nahm. Aber dies Wort wäre schon eine Undeutlichkeit, denn jenes „Ich" von damals, von jenem 7. Juni, bin ich längst nicht mehr, obwohl erst vier Monate seitdem vergangen sind, obwohl ich in der Wohnung dieses damali-

gen „Ich" wohne und an seinem Schreibtisch mit seiner eigenen Hand schreibe.
Von diesem damaligen Menschen bin ich, und gerade durch jenes Erlebnis,
ganz abgelöst, ich sehe ihn jetzt von außen, ganz fremd und kühl.

Stefan Zweig, *Phantastische Nacht.* S.175

Ein Sonderfall ist die Ich-Erzählung, in der das Ich etwas erzählt, was es gar nicht wissen kann, weil es z. B. vor seiner Geburt geschah (L. Sterne, *Tristram Shandy*; G. Grass, *Die Blechtrommel*). Hier führt der Erzähler den Leser an der Nase herum.

1.2 Auktorialer, personaler und neutraler Erzähler (Erzählverhalten)

Der Erzähler bringt sich über das reine Erzählen der Handlung hinaus häufig dadurch ein, dass er kommentiert, reflektiert, urteilt, den Leser anspricht. In diesem Fall spricht man von einem **auktorialen Erzähler** (auctor, lat., Urheber), weil der Erzähler das Erzählen, den Erzählvorgang selbst, zum Gegenstand macht. Häufig ist der auktoriale Erzähler auch allwissend (s. 1.5) in dem Sinn, dass er deutlich macht, dass er schon im Voraus weiß, wie das Geschehen verlaufen wird und warum die Figuren so und nicht anders handeln.

Der Mann ohne Eigenschaften, von dem hier erzählt wird, hieß Ulrich, und Ulrich
- es ist nicht angenehm, jemand immerzu beim Taufnamen zu nennen, den man
erst so flüchtig kennt, aber sein Familienname soll aus Rücksicht auf seinen Va-
ter verschwiegen werden - hatte die erste Probe seiner Sinnesart schon an der
Grenze des Knaben- und Jünglingsalters in seinem Schulaufsatz abgelegt, der
einen patriotischen Gedanken zur Aufgabe hatte. Patriotismus war in Österreich
ein ganz besonderer Gegenstand. Denn deutsche Kinder lernten einfach die
Kriege der österreichischen Kinder verachten, und man brachte ihnen bei, dass
die französischen Kinder die Enkel von entnervten Wüstlingen seien, die zu Tau-
senden davonlaufen, wenn ein deutscher Landwehrmann auf sie zugeht, der
einen großen Vollbart hat.

Robert Musil, *Der Mann ohne Eigenschaften.* S. 18

Hier ist auch das Präsens im ersten Satz ein Hinweis darauf, dass die Ebene der Handlung verlassen wird und der Erzähler sich äußert.

Auktoriales Erzählen ist das klassische Verhalten des Er-Erzählers.

Von einem **neutralen Erzähler** spricht man dagegen, wenn er das Geschehen wie ein außenstehender Beobachter erzählt und so die Fiktionalität des Erzählens nicht in den Vordergrund gerückt wird.

Das erste Hotel, in dem er um ein Zimmer fragte, wies ihn ab, weil er nur eine
Aktentasche bei sich hatte; der Portier des zweiten Hotels, das in einer Neben-
gasse lag, führte ihn selbst hinauf in das Zimmer. Während der Portier noch am
Hinausgehen war, legte sich Bloch auf das Bett und schlief bald ein.

Peter Handke, *Die Angst des Tormanns beim Elfmeter.* S.8

Die Mutter, die eine zweite Vermählung ihrer Tochter immer gewünscht hatte,
hatte Mühe, ihre Freude über diese Erklärung zu verbergen, und sann, was sich
wohl daraus machen lasse. [...]

Unschlüssig, einen Augenblick, was unter solchen Umständen zu tun sei, stand er [der Graf, M.Z.], und überlegte, ob er durch ein, zur Seite offen stehendes Fenster einsteigen, und seinen Zweck, bis er ihn erreicht, verfolgen solle.
Kleist, Die Marquise von O... S. 117, S. 129

In dieser Erzählung kennt der Erzähler zwar die Gedanken aller Erzählfiguren, schildert ansonsten das Geschehen aus der Außenperspektive, als ob er ein Beobachter ist.

Neutrales Erzählen liegt auch dann vor, wenn (fast) nur direkte Rede vorliegt. Es kann auch in Ich-Erzählungen vorkommen.

Nach dem Essen brachten wir sie dazu, sich hinzulegen, und wir fuhren mit Justus zu dem alten, halbverfallenen Gasthof, wo man ihm die Aale aus der Fischereigenossenschaft räucherte. Er bekam ein großes, in Zeitungspapier gewickeltes Paket. Er machte uns mit den Tieren des Hofes bekannt, einem alten, halbblinden Hund und einer verwilderten misstrauischen Katze, der er ein Mittel gegen die Räude mitgebracht hatte.
Christa Wolf, Nachdenken über Christa T. S.160

Der **personale Erzähler** ist handelnde Figur und erzählt die Welt aus ihrer Sicht.

Als die Tanzpause gekommen war und Tänzerinnen wie Tänzer wieder auf ihren Plätzen saßen, sah Simrock, vier Tische entfernt, eine Frau, die ihm gefiel. Sie schien älter als die meisten der Mädchen, die allein in das Lokal gekommen waren; Simrock schätzte sie auf dreißig. Die drei anderen Frauen, mit denen sie an einem Tisch saß, kannte sie offenbar nicht, denn deren Gespräch ging an ihr vorbei. Sie fächelte sich mit der Speisekarte Luft zu. Simrock beobachtete, dass sie mit niemandem im Blickwechsel stand, auch dass sie - wie viele Leute, die sich ihrer Einsamkeit schämen - versuchte, einen beschäftigten Eindruck zu erwekken. Er ließ sie nicht aus den Augen und saß, seine eigene Scham unterdrückend, auf dem Sprung, bis er bemerkte, dass die Kapelle das Podium verlassen hatte.
Jurek Becker, Schlaflose Tage. S.64 f.

Koffer packen. Hatte er je etwas anderes getan?! Er schüttelte sich ein bisschen, um den Opernton loszuwerden. In einer Schreibtisch-Schublade suchte er den Zwischenstecker für englische Steckdosen. Er hatte wirklich nicht daran gedacht, dass er sofort auf ein Bild seiner Kinder stoßen würde. Sofort wirft er die Schublade wieder zu. Das Bild hat sich schon eingebrannt
Martin Walser, Jenseits der Liebe. S.23

Auch wenn hier die Geschichte ausschließlich aus der Perspektive einer Figur erzählt wird, zeigt sich im letzten Satz, dass der Erzähler mehr weiß als die Erzählfigur: Er kennt die über den erzählten Augenblick hinausgehende Wirkung.

Das Zurücktreten des Erzählers und die Beschränkung auf ein *personales Medium* (auch wenn diese Perspektive nie konsequent durchgehalten ist, wie das Beispiel von Martin Walser zeigt) ist typisch für den Roman im 20. Jahrhundert. Zum einen erhält der Leser die Illusion, er befinde sich selbst auf dem Schauplatz des Geschehens, zum anderen können Einblicke in das Innenleben und das Unbewusste gegeben werden. Das führt auch dazu, dass nur mehr kürzere Zeiträume erzählt werden.

ERZÄHLFORMEN

Der Erzähler ist eine <u>fiktive Gestalt</u>, aus deren Perspektive dem Leser eine Handlung erzählt wird, und nicht identisch mit dem Autor.

	Er-Erzähler	Ich-Erzähler
Auktorialer Erzähler - Standpunkt des Erzählers außerhalb des Geschehens, - erkennbare <u>Distanz</u> des Erzählers (und damit des Lesers) zum Erzählten, - Offenlegen von Erzähler-Entscheidungen (z. B. über Auswahl, Vorausdeutungen usw.), - Kommentare und Reflexionen des Erzählers. - Anrede des Lesers	Ein allwissender Erzähler erzählt Raum, Zeit, Handlung, Äußeres und Inneres der Figuren in Er-Form und kann auch kommentieren und beurteilen. Er kann sich auch als Erzähler in der 1. Person („Ich") als Figur zu erkennen geben. → **klassischer fiktionaler Erzähler**	Ein erzählendes Ich organisiert bzw. beurteilt die Elemente einer Geschichte, in der es als erzähltes Ich auftritt. In der erzählten Geschichte wird aber (im Unterschied zur auktorialen Er-Erzählung) nur die Innensicht des erzählten Ich eingenommen.
Neutraler Erzähler - Standpunkt außerhalb des Geschehens, - keine Kenntlichmachung des Erzählvorgangs.	Der Erzähler erzählt so, als ob er das Geschehen von außen beobachtet.	Selten: Der Ich-Erzähler erzählt so, als ob er das erinnerte Geschehen von außen beobachtet.
Personaler Erzähler - Standpunkt innerhalb des Geschehens, Sicht einer Figur der Handlung - Versuch, zwischen Leser und Erzählung <u>Unmittelbarkeit</u> der Wahrnehmung herzustellen. - Keine Kommentare oder Erläuterungen des Erzählers	Der Erzähler erzählt aus dem Blickwinkel einer Person und ist selbst handelnde Figur.	Erzählendes und erlebendes Ich fallen zusammen, so dass nur gegenwärtig Erlebtes erzählt wird. (z. B. Tagebuch, Briefroman). → **klassischer Ich-Erzähler**

Beispiele für Erzählformen und Erzählverhalten:

Auktorialer Er-Erzähler	**Auktorialer Ich-Erzähler**
Die Erinnerung an Torre di Venere ist atmosphärisch unangenehm. Ärger, Gereiztheit, Überspannung lagen von Anfang an in der Luft, und zum Schluss kam dann der Choc mit diesem schrecklichen Cipolla, in dessen Person sich das eigentümlich Bösartige der Stimmung auf verhängnishafte und übrigens menschlich sehr eindrucksvolle Weise zu verkörpern und bedrohlich zusammenzudrängen schien. Dass bei dem Ende mit Schrecken (einem, wie uns nachträglich schien, vorgezeichneten und im Wesen der Dinge liegenden Ende) auch noch die Kinder anwesend sein mussten, war eine traurige und auf Missverständnis beruhende Ungehörigkeit für sich, verschuldet durch die falschen Vorspiegelungen des merkwürdigen Mannes. Gottlob haben sie nicht verstanden, wo das Spektakel aufhörte und die Katastrophe begann, und man hat sie in dem glücklichen Wahn gelassen, dass alles Theater gewesen sei.	*Als ich fünfzehn war, hatte ich Gelbsucht. Die Krankheit begann im Herbst und endete im Frühjahr. Je kälter und dunkler das Jahr wurde, desto schwächer wurde ich. Erst mit dem neuen Jahr ging es aufwärts. Der Januar war warm, und meine Mutter richtete mir das Bett auf dem Balkon. Ich sah den Himmel, die Sonne, die Wolken und hörte die Kinder im Hof spielen. Eines frühen Abends im Februar hörte ich eine Amsel singen.*
	Mein erster Weg führte mich von der Blumenstraße, in der wir im zweiten Stock eines um die Jahrhundertwende gebauten, wuchtigen Hauses wohnten, in die Bahnhofstraße. Dort hatte ich mich an einem Montag im Oktober auf dem Weg von der Schule nach Hause übergeben. Schon seit Tagen war ich schwach gewesen, so schwach wie noch nie in meinem Leben. Jeder Schritt kostete mich Kraft. Wenn ich zu Hause oder in der Schule Treppen stieg, trugen mich meine Beine kaum.
Thomas Mann, *Mario und der Zauberer.* S.793	Bernhard Schlink, *Der Vorleser.* S.5
Neutraler Er-Erzähler	**Neutraler Ich-Erzähler**
Günter war langsam auf dem Fussweg durch das Kleine Eichholz bis zum Weitendorfer Weg herangegangen; dort setzte er sich wartend ans Rand ins Gras. Vor ihm lag die weite Mulde mit Saatgrün in der Mittagssonne, hinter der Kuppe des Bergs stand dünn und zitternd die Spitze des Weitendorfer Kirchturms gegen den Himmel; die Weidenköpfe waren viel grösser da oben.	*Da sprach sie mir von ihren Schülern. Wir gingen vom Marx-Engels-Platz zum Alex. Wir standen am Zeitungskiosk und ließen die Hunderte von Gesichtern an uns vorbeitreiben, wir kauften uns die letzten Osterglocken am Blumenstand. Vielleicht sind wir ein bisschen vom Frühling betrunken, sagte sie. Aber sie bestand darauf, nüchtern zu sein und zu wissen, was sie sagte.*
Uwe Johnson, *Ingrid Babendererde.* S.31	Christa Wolf, *Nachdenken über Christa T.* S.160
Personaler Er-Erzähler	**Personaler Ich-Erzähler**
K. kümmerte sich nicht lange um ihn und die Gesellschaft auf dem Gang, besonders da er etwa in der Hälfte des Ganges die Möglichkeit sah, rechts durch eine türlose Öffnung einzubiegen. Er verständigte sich mit dem Gerichtsdiener darüber, ob das der richtige Weg sei, der Gerichtsdiener nickte und K. bog nun wirklich dort ein. Es war ihm lästig, dass er immer einen oder zwei Schritte vor dem Gerichtsdiener gehen musste, es konnte wenigstens an diesem Ort den Anschein haben, als ob er verhaftet vorgeführt wurde. Er wartete also öfters auf den Gerichtsdiener, aber dieser blieb gleich wieder zurück.	*Lieber Wilhelm, ich bin in einem Zustande, in dem jene Unglücklichen gewesen sein müssen, von denen man glaubte, sie würden von einem bösen Geiste umhergetrieben. Manchmal ergreift mich's; es ist nicht Angst, nicht Begier – es ist ein inneres unbekanntes Toben, das meine Brust zu zerreißen droht, das mir die Gurgel zupresst! Wehe! wehe! und dann schweife ich umher in den furchtbaren nächtlichen Szenen dieser menschenfeindlichen Jahrszeit.*
Franz Kafka, *Der Process.* S.77	J. W. von Goethe, *Die Leiden des jungen Werther.* Brief vom 12. Dezember. S.119

Bei vielen Romanen gibt es Schwierigkeiten bei der Bestimmung der Erzählperspektive.

Jemand musste Josef K. verleumdet haben, denn ohne, dass er etwas Böses getan hätte, wurde er eines Morgens verhaftet. Die Köchin der Frau Grubach, seiner Zimmervermieterin, die ihm jeden Tag gegen acht Uhr früh das Frühstück brachte, kam diesmal nicht. Das war noch niemals geschehen.

Franz Kafka, *Der Prozess.* S.7

Man hat den Eindruck, dass es einen Erzähler gibt, der das Geschehen kommentiert. Erst bei genauer Untersuchung wird deutlich, dass das Geschehen aus der begrenzten Wahrnehmung einer einzigen Perspektivfigur erzählt wird. Der Leser ist völlig der Wahrnehmung und Deutung dieser Figur ausgesetzt. *Der Prozess* ist ganz im Stil einer Ich-Erzählung geschrieben (s.S.15).

1.3 Ironie (Erzählhaltung)

Der Erzähler kann sehr verschiedene Haltungen zu dem Erzählten einnehmen. Zum Beispiel kann er in der Rolle des Chronisten erzählen, der möglichst genau und objektiv berichtet.

Im übrigen will ich keines Menschen Urteil, ich will nur Kenntnisse verbreiten, ich berichte nur, auch Ihnen, hohe Herren von der Akademie habe ich nur berichtet.

Franz Kafka, *Bericht für eine Akademie.* S. 174

Häufig nimmt der Erzähler eine ironische Haltung ein, die nicht immer leicht zu erkennen ist, da sie sehr genaues Lesen voraussetzt.

Ironie (griech.: Verstellung, Anschein von Unwissenheit)

Unter Ironie im engeren Sinne versteht man: Es wird das Gegenteil von dem gesagt, was man meint.

Beispiel: *Das ist ja eine schöne Bescherung.*

In der Epik findet man Ironie als eine Haltung, durch die der Erzähler sich mehr oder weniger unauffällig von dem Verhalten der Romanfiguren, sogar seiner Helden, distanziert.

Er sah nun, dass nun nichts fehle, als eine Dame zu suchen, in die er sich verlieben könne, denn ein irrender Ritter ohne Liebe sei ein Baum ohne Laub und Frucht, ein Körper ohne Seele. Er sprach zu sich selbst: Wenn ich nun zur Strafe meiner Sünden oder zu meinem Glücke gleich hier auf irgendeinen Riesen treffe - wie dies denn gewöhnlich irrenden Rittern begegnet - und ich ihn in einem Anlaufe niederrenne oder ihn mitten durchhaue, oder kurz, ihn überwinde und bezwinge, wär es nicht gut, jemand zu haben, zu dem ich ihn schicke, sich zu präsentieren?

Miguel de Cervantes Saavedra,
Leben und Taten des scharfsinnigen Edlen Don Quixote von la Mancha. S.14

Der Held wird hier dadurch lächerlich gemacht, dass er in einer Phantasiewelt lebt, die er sich bei der Lektüre zahlloser Ritterromane angeeignet hat. Cervantes entlarvt seinen Helden und eine vielgelesene Literaturgattung seiner Zeit.

Dagegen schwebte Wilhelm glücklich in höheren Regionen...
Seine Bestimmung zum Theater war ihm nunmehr klar; das hohe Ziel, das er sich vorgesteckt sah, schien ihm näher, indem er an Marianens Hand hinstrebte, und in selbstgefälliger Bescheidenheit erblickte er in sich den trefflichen Schauspieler, den Schöpfer eines künftigen Nationaltheaters, nach dem er so vielfältig hatte seufzen hören. Alles, was in den innersten Winkeln seiner Seele bisher geschlummert hatte, wurde rege. Er bildete aus den vielerlei Ideen mit Farben der Liebe ein Gemälde auf Nebelgrund, dessen Gestalten freilich sehr ineinanderflossen; dafür aber auch das Ganze eine desto reizendere Wirkung tat.

J. W. von Goethe, Wilhelm Meisters Lehrjahre. S.35 f.

Der Held wird hier lächerlich gemacht, indem die Diskrepanz zwischen seiner Gemütsverfassung und der tatsächlichen Situation, in der er sich befindet, spöttisch herausgestellt wird.

Überhaupt stammt sie aus einer Familie von einzeln in der Landschaft stehenden Signalmasten. Es gibt wenige von ihnen. Sie pflanzen sich nur zäh und sparsam fort, wie sie auch im Leben immer zäh und sparsam mit allem umgehen.

E. Jelinek, Die Klavierspielerin. S. 19

Hier entsteht die Distanz zwischen Erzähler und Erzählfiguren durch die Wortwahl, die die Familie der Klavierspielerin aus dem Menschlichen herausrückt.

1.4 Innen- und Außensicht (Erzählperspektive)

Das Verhältnis von Innenwelt und Außenwelt ist sehr unterschiedlich. In den epischen Texten, die viele innere Monologe und Bewusstseinsströme enthalten, besteht der Hauptteil der Handlung in der Schilderung der **inneren Vorgänge (Innenwelt)**, für die die äußeren Ereignisse nur Anstöße liefern (z. B. Joyce, *Ulysses*; Schnitzler, *Fräulein Else*).

Das war ein guter Abgang. Hoffentlich glauben die Zwei nicht, dass ich eifersüchtig bin. – Dass sie was miteinander haben, Cousin Paul und Cissy Mohr, darauf schwör' ich. Nichts auf der Welt ist mir gleichgültiger. – Nun wende ich mich noch einmal um und winke ihnen zu. Winke und lächle. Sehe ich nun gnädig aus?

A. Schnitzler, Fräulein Else. S.41 f.

Ganz im Gegensatz dazu stehen Texte, in denen das Innenleben der Erzählfiguren völlig ausgespart und stattdessen die **Außenwelt** minutiös geschildert wird.

Das Hemd ist aus steifem Stoff, einer sergeartigen Baumwolle, deren Khakifarbe infolge häufigen Waschens ein wenig verschossen ist. Unter dem oberen Rand der Tasche verläuft eine erste waagerechte Naht, die von einer zweiten Naht in Form von zwei symmetrischen, liegenden, in der Mitte unten spitz zusammenlaufenden Schlangenlinien verstärkt wird. Unten an der Spitze ist der Knopf angenäht, der normalerweise zum Schließen der Tasche bestimmt ist. Es ist ein Knopf aus gelblichem Kunststoff - der Faden, der ihn befestigt, erscheint in seiner Mitte als ein kleines Kreuz.

Alain Robbe-Grillet, Die Jalousie oder die Eifersucht. S.63

Hier registriert der Erzähler die Außenwelt wie mit einer Kamera. Es gibt kaum noch Handlung.

1.5 Allwissender Erzähler (Erzählstandort)

Unter dem Standort des Erzählers, dem point of view, versteht man sein räumliches Verhältnis zu Figuren und Vorgängen. Er kann sie aus großer Nähe beschreiben (Beobachtung von Details), aber auch aus großer Entfernung. Er kann deutlich machen, dass er das Ganze des Geschehens, vielleicht auch Vor- und Nachgeschichte (Vorausdeutung) kennt, ja sogar in alle Figuren hineinblickt, ihre Gedanken und Gefühle kennt. In diesem Fall spricht man von **Allwissenheit**.

Ach was, dachte er, deine Nase ist eine Zumutung. Eine angenähte Zumutung. Und er sagte laut: Innerlich sind Sie wie die Geranien, wollen Sie sagen. Ganz symmetrisch, nicht wahr?
Dann ging er die Treppe hinunter, ohne sich umzusehen.
Sie stand am Fenster und sah ihm nach.
Da sah sie, wie er unten stehen blieb und sich mit dem Taschentuch die Stirn abtupfte. Einmal, zweimal. Und dann noch einmal. Aber sie sah nicht, dass er dabei erleichtert grinste. Das sah sie nicht, weil ihre Augen unter Wasser standen. Und die Geranien, die waren genauso traurig. Jedenfalls rochen sie so.

Wolfgang Borchert, *Die traurigen Geranien.* S.9

Der Erzähler erzählt hier die Gedanken von Mann und Frau, gibt sich aber als Erzähler nicht ausdrücklich zu erkennen. Häufig kommentiert der allwissende Erzähler auch und macht deutlich macht. Er ist gleichzeitig auch auktorialer Erzähler (s. 1.2).

2 Darbietungsweisen

2.1 Epischer Bericht / Erzählerbericht

Obwohl der ganze epische Text erzählt wird, ist es doch sinnvoll, zwischen dem Erzählerbericht und der Figurenrede, in der die handelnden Figuren zu Wort kommen, zu unterscheiden.

Zum **Erzählerbericht** gehören alle Teile eines Textes, die nicht Äußerungen von Figuren sind: Handlungswiedergabe, Beschreibung von Personen, Räumen, Gegenständen, aber auch Erzählung innerer Zustände und Gedanken der Figuren (vgl. S.14, *Don Quijote*)

Die Stadt, kurz vor Herbst noch in Glut getaucht nach dem kühlen Regensommer dieses Jahres, atmete heftiger als sonst.

Christa Wolf, *Der geteilte Himmel.* S. 7

Wenn die Liebe, wie ich allgemein behaupten höre, das Schönste ist, was ein Herz früher oder später empfinden kann, so müssen wir unseren Helden dreifach glücklich preisen, dass ihm gegönnt ward, die Wonne dieser einzigen Augenblicke in ihrem ganzen Umfange zu genießen.

J. W. v. Goethe, *Wilhelm Meisters Lehrjahre.* S. 12

Im Erzählerbericht erkennt man den Erzähler am deutlichsten. Bei Christa Wolf gibt er sich durch das lyrische Stimmungsbild zu erkennen, bei Goethe direkt durch das Personalpronomen „ich", das ironische Verhältnis zur Hauptperson und das Aussprechen allgemeiner Überlegungen.

2.2 Erzählerkommentar

Erzählerkommentare sind vor allem in auktorialen Erzählungen zu finden (vgl. vorangegangener Goethe-Text; Der Mann ohne Eigenschaften, vgl. S.10). Der Erzähler steht in Distanz zum erzählten Geschehen, ironisiert die Figuren, die Handlung, reflektiert seine Erzählweise usw.

2.3 Figurenrede

Bei der **Figurenrede** tritt der Erzähler mehr oder weniger in den Hintergrund. Er gibt den Figuren die Möglichkeit, sich zu äußern und Stellung zu beziehen. Sie können den zeitlichen Ablauf des Geschehens unterbrechen und Rückblicke, Ausblicke, Kommentare und andere Sichtweisen des Geschehens äußern. Aber der Erzähler begleitet die Figurenrede in der Regel, indem er eine Auswahl trifft und die Rede ergänzt durch einen Einleitungssatz und Mimik, Gestik, Tonfall usw. der sprechenden Figur.

Bei **direkter Rede** werden die Äußerungen der Figuren wörtlich wiedergegeben. Durch das, was sie zu sagen haben, und durch die Art, wie sie sprechen, geben sie sich zu erkennen.

Sie rieb sich den Hals: „Ich lach mir schief. Bleib man ruhig liegen. Mir störste nich." Sie lachte, hob ihre fetten Arme, steckte die Füße mit Strümpfen aus dem Bett: „Ick kann nischt dafür." A. Döblin, *Berlin Alexanderplatz.* S.26

Nur in wenigen epischen Texten verselbstständigt sich der Dialog so, dass der Text in die Nähe von dramatischen Texten rückt (in Fontanes Roman *Die Poggenpuhls* sind 60% des Textes Dialoge).

„Gewiss ist es der Richtige. Das verstehst du nicht, Hertha. Jeder ist der Richtige. Natürlich muss er von Adel sein und eine Stellung haben und gut aussehen."
„Gott, Effi, wie du nur sprichst. Sonst sprachst du doch ganz anders."
„Ja, sonst."
„Und bist du auch schon ganz glücklich?"
„Wenn man zwei Stunden verlobt ist, ist man immer ganz glücklich. Wenigstens denke ich es mir so." Theodor Fontane, *Effi Briest.* S.182

Eine Erzählung, die vollständig in Figurenrede geschrieben ist, ist *Gehen* von Thomas Bernhard.

Die Zustände werden durch unser Denken naturgemäß, sagt Oehler, zu immer noch unerträglicheren Zuständen. Denken wir, wir machen die unerträglichen Zustände zu erträglichen Zuständen, so müssen wir bald einsehen, dass wir die unerträglichen Zustände nicht zu erträglichen und auch nicht zu erträglicheren Zuständen gemacht haben (machen haben können), sondern nur noch zu noch unerträglicheren Zuständen. Und mit den Umständen ist es wie mit den Zuständen, sagt Oehler, und mit den Tatsachen ist es dasselbe. Der ganze Lebensprozess ist ein Verschlimmerungsprozess, in welchem sich fortwährend, dies Gesetz ist das grausamste, alles verschlimmert. Th. Bernhard, *Gehen.* S. 11

Bei allen anderen Formen der Figurenrede greift der Erzähler stärker ein.

Die **indirekte Rede** ermöglicht es, die Erzählung zu raffen, da nur wenige Äußerungen ausgewählt werden, und die Personenrede ohne Bruch in das fortlaufende Geschehen zu integrieren. Die zitierte Aussage wird dabei auf den Inhalt reduziert, persönliche Merkmale gehen verloren, und es wird eine größere Distanz zur Erzählfigur erzeugt. Dadurch wird die Spannung zwischen Personen und Erzähler gemindert.

Schreibt man das obige Zitat aus *Berlin Alexanderplatz* in indirekte Rede um, so lautet es etwa:

Sie rieb sich den Hals und sagte, sie lache sich schief, er solle ruhig liegen bleiben, er störe sie nicht. Dann lachte sie, hob ihre fetten Arme, steckte die Füße mit Strümpfen aus dem Bett und sagte, sie könne nichts dafür.

Der **Redebericht** fasst die Äußerungen der Personen zusammen.

Als Wilhelm seine Mutter des anderen Morgens begrüßte, eröffnete sie ihm, dass der Vater sehr verdrießlich sei und ihm den täglichen Besuch des Schauspiels nächstens untersagen werde.

J. W. v. Goethe, Wilhelm Meisters Lehrjahre. S.9

Hier erfährt der Leser nur mehr die Essenz (= das Wesentliche) des Gesagten.

Beim **inneren Monolog** werden in der Form der direkten Rede (Ich-Form, Präsens, Indikativ) Gefühle, Gedanken, Ahnungen Vorstellungen wiedergegeben. Innere Monologe werden auch häufig mit Formulierungen wie *dachte er* eingeleitet oder abgeschlossen.

Dies ist es, dass ich leben werde! Es wird leben ... Und dass dieses Es ich bin, das ist nur eine Täuschung, das war nur ein Irrtum, den der Tod berichtigen wird. So ist es, so ist es! ... Warum? Thomas Mann, *Buddenbrooks*

Eine Weiterentwicklung des Inneren Monologes ist der **Bewusstseinsstrom** (stream of consciousness), die scheinbar unmittelbare und unkontrollierbare Ausbreitung des Bewusstseins einer Romanfigur.

Ich nehme den weißen Schal, der steht mir gut. Ganz ungezwungen lege ich ihn um meine herrlichen Schultern. Für wen habe ich sie denn, die herrlichen Schultern? Ich könnte einen Mann sehr glücklich machen. Wäre nur der rechte Mann da. Aber Kind will ich keines haben. Ich bin nicht mütterlich. Marie Weil ist mütterlich. Ich habe eine edle Stirn und eine schöne Figur. - 'Wenn ich Sie malen dürfte, wie ich wollte, Fräulein Else.' - Ja, das möchte Ihnen passen. Ich weiß nicht einmal seinen Namen mehr. Tizian hat er keineswegs geheißen, also war es eine Frechheit. A. Schnitzler, *Fräulein Else*. S.66

Die **erlebte Rede** steht zwischen Erzählerbericht und Figurenrede. Es ist eine Mischung aus direkter und indirekter Rede (Er-Form, meist Präteritum, Indikativ).
Direkte Rede: *Sie fragte: „Muss ich wirklich in den Garten?"*
Indirekte Rede: *Sie fragte, ob sie wirklich in den Garten müsse.*
Erlebte Rede: *Musste sie wirklich in den Garten?*

Andererseits spricht der Erzähler selbst, auch wenn er die Sichtweise einer Erzählfigur wählt. Für den Leser erkennbar ist die erlebte Rede an der Innensicht, Stilmitteln wie Ausrufen, Fragen und Angleichungen an die charakteristische Sprechweise der betreffenden Erzählfigur. Den äußeren Vorgängen wird der erlebte Eindruck gegenübergestellt.

*Er blickte in sich hinein, wo so viel Gram und Sehnsucht war. **Warum, warum** **war er hier? Warum saß er nicht in seiner Stube am Fenster und las in** **Storms 'Immensee' und blickte hie und da in den abendlichen Garten hin-** **aus, wo der alte Walnussbaum schwerfällig knarrte? Das wäre sein Platz** **gewesen. Mochten die anderen tanzen und frisch und geschickt bei der** **Sache sein!*** Th. Mann, *Tonio Kröger.* S.315

In der modernen Literatur werden die Anführungszeichen bei direkter Rede häu-fig weggelassen. Die verschiedenen Arten der Figurenrede und der Erzählerbe-richt sind oft nicht mehr zu unterscheiden.

Die Mutter forscht, weshalb Erika erst jetzt, so spät, nach Hause finde? Der letz-te Schüler ist bereits vor drei Stunden heimgegangen, von Erika mit Hohn über-häuft. Du glaubst wohl, ich erfahre nicht, wo du gewesen bist, Erika. Ein Kind steht seiner Mutter unaufgefordert Antwort, die ihm jedoch nicht geglaubt wird, weil das Kind gern lügt. Die Mutter wartet noch, aber nur so lange, bis sie eins zwei drei gezählt hat. E. Jelinek, *Die Klavierspielerin.* S. 7

Die Figuren erhalten hier wenig Eigenleben. Die Erzählerin hält die Erzählung fest in der Hand. Der Satz *Die Mutter wartet noch, aber nur so lange, bis sie eins zwei drei gezählt hat* kann auf verschiedene Weisen verstanden werden, je nachdem, ob man ihn als Erzählerbericht oder als direkte Rede liest.

3 Stoff, Thema und Motiv

Grundlage des Erzählens, aber auch der anderen literarischen Gattungen, ist der **Stoff**, den der Erzähler gestaltet. Zu ihm gehören Raum, Zeit, Figuren und Hand-lung, bevor sie literarisch verarbeitet wurden. Der Stoff geht häufig auf reale Ge-schehnisse (eigenes Erleben des Autors, Berichte) oder Überlieferungen (histori-sche Ereignisse, Sagen, Mythen) zurück.

Diesen Stoff gestaltet der Erzähler, indem er eine Auswahl trifft und in einer be-stimmten Form erzählt.

Den Stoff organisiert der Erzähler im Hinblick auf ein **Thema**. Darunter versteht man den Hauptgedanken eines [literarischen] Werkes bzw. den Gegenstand, mit dem sich eine Abhandlung befasst.

Die Erzählung kann meist aus sich verstanden werden, ohne einen Bezug zur Wirklichkeit des Lesers herzustellen, obwohl sie teilweise vom Leser als Be-schreibung von Wirklichkeit (z. B. einer Landschaft) gesehen wird.

Es ist aber eine künstliche Welt, die der Erzähler erzeugt, in der alles mit Bedeu-tung versehen ist. Einen Zugang erhält man z. B. über die Motive, die entweder - im Vergleich mit anderen literarischen Texten - den Blick auf die allgemeine Si-tuation lenken oder auf die inhaltlichen Bausteine der Erzählung.

Unter einem **Motiv** (lat.: antreibend, bewegend) versteht man eine typische Situ-ation, die in einem literarischen Text individuell gestaltet wird.

Ausgewählte Beispiele für Motive:
Frau zwischen zwei Männern oder umgekehrt (Goethe, Die Leiden des jungen Werther)
Feindliche Brüder (Th. Storm, Die Söhne des Senators)
Doppelgänger (Jean Paul, Siebenkäs)

Der gerechte Räuber (F. Schiller, Der Verbrecher aus verlorener Ehre)
Tyrannenmord (C. F. Meyer, Jürg Jenatsch)

Motive sind in der Regel wesentlich für den Handlungsverlauf. Nur in Kriminalromanen haben sog. blinde Motive die Funktion, den Leser irrezuleiten.

Unter dem aus der Musik entlehnten Begriff **Leitmotiv** versteht man ein Motiv, das in Abständen immer wieder auftaucht (Schaukel in Fontanes *Effi Briest*; die Blonden und Blauäugigen in Th. Manns *Tonio Kröger*).

Die Untersuchung von Stoff und Motiv ist vor allem für die Literaturgeschichte wichtig (In welcher Zeit wurden welche Stoffe und Motive bevorzugt? Wie wurden sie gestaltet?) und für die Interpretation der besonderen Aussage eines Dichters, wenn er ein traditionelles Motiv aufgreift (z. B. Kafka, Das Schweigen der Sirenen).

Stoff	Rohmaterial, das der Schriftsteller in der Natur, Geschichte oder Kunst findet und zu einem Werk verarbeitet.
Thema	Grundgedanke oder Leitidee, welche der Schriftsteller im Stoff entdeckt und woraus er das Konzept zu seiner Gestaltung entwickelt.
Motiv	Häufig in der Literatur vorkommende Elemente (typische menschliche Situationen, Figuren, Zustände), die der Dichter als Bauteile verwendet.

Als sie sich kennen lernten, war es dunkel gewesen. Dann hatte sie ihn eingeladen und nun war er da. Sie hatte ihm ihre Wohung gezeigt und die Tischtücher und die Bettbezüge und auch die Teller und Gabeln, die sie hatte. Aber als sie sich dann zum erstenmal bei hellem Tageslicht gegenübersaßen, da sah er ihre Nase.
Die Nase sieht aus, als ob sie angenäht ist, dachte er. Und sie sieht überhaupt nicht wie andere Nasen aus. Mehr wie eine Gartenfrucht. Um Himmels willen! dachte er, und diese Nasenlöcher! Die sind ja vollkommen unsymmetrisch angeordnet. Die sind ja ohne jede Harmonie zueinander. Das eine ist eng und oval. Aber das andere gähnt geradezu wie ein Abgrund. Dunkel und rund und unergründlich. Er griff nach seinem Taschentuch und tupfte sich die Stirn.
          Wolfgang Borchert, *Die traurigen Geranien*. S.7

Über den Stoff dieses Textes ist nichts bekannt. Handelt es sich um eine erfundene oder eine selbst erlebte Situation? Thema dieses Auszuges ist die Erotik bzw. das Geschlechterverhältnis. Motive sind: z. B. verhinderte Sexualität; Anziehung und Abstoßung zwischen Mann und Frau.

Im Zentrum des Inhalts steht die **Handlung**. Für die Untersuchung der Form literarischer Texte ist es sehr aufschlussreich, wie die Handlung beginnt und wie sie zum Abschluss gebracht wird. Da dies im Drama eine besondere Bedeutung hat, wird dieser Aspekt dort behandelt (s.S.38).

Das Standardwerk zur Bedeutung und Ausgestaltung von Motiven ist:
Elisabeth Frenzel, *Motive der Weltliteratur*, Stuttgart: Kröner 1976

4 Zeitgestaltung

4.1 Erzählzeit und erzählte Zeit

Erzählende Dichtung gibt wie die dramatische (Theater) Zeitabläufe wieder. Vorgänge auf der Bühne dauern meist so lange wie ähnliche Vorgänge in der Realität auch. Sobald die Handlung erzählt wird, fallen aber die Zeit, die der Leser zur Lektüre braucht (Erzählzeit), und die Zeit, die im Inhalt der Erzählung abläuft (Erzählte Zeit), auseinander.

Der gleiche Stoff kann in verschiedenen Zeitspannen erzählt werden. Z. B. wird in den folgenden Romanen das Leben mehrerer Generationen in unterschiedlichen Zeitspannen erzählt:

Ina Seidel, *Lennacker*	Erzählte Zeit: 400 Jahre
Theodor Fontane, *Die Poggenpuhls*	Erzählte Zeit: 3/4 Jahr
Spitteler, *Conrad der Leutnant*	Erzählte Zeit: 1 Tag

Der Erzähler trifft eine Auswahl, konzentriert sich auf einzelne Szenen und bildet dadurch Phasen in der Erzählung. So wird deutlich, wo er seine Schwerpunkte setzt.

Das Verhältnis von Erzählzeit und erzählter Zeit kann sein:

Zeitdeckung ungefähre Entsprechung von Erzählzeit und erzählter Zeit (wie im Drama). Beispiel: Wiedergabe direkter Rede.

Zeitdehnung Die Erzählzeit ist länger als die erzählte Zeit (im Film: Zeitlupe). Beispiel: Darstellung schnell ablaufender Bewusstseinsströme, Träume und Gedanken.

Zeitraffung Große Zeitspannen der erzählten Zeit werden übersprungen, ausgelassen, gerafft. Beispiel: Ein Menschenleben wird auf einigen Seiten oder in einigen Sätzen wiedergegeben. Das ausgesparte Geschehen wird dabei häufig angedeutet.

Wichtiger für die Strukturanalyse eines epischen Textes sind Veränderungen in der natürlichen Reihenfolge des Geschehens.

Parallelhandlungen *inzwischen*

Der Erzähler hat die Möglichkeit, verschiedene Handlungsstränge, die gleichzeitig ablaufen, nacheinander zu erzählen.

Rückwendungen *und so kommt es, dass ich nun hier bin*

Zeitlich zurückliegende Erzählteile werden nachgeholt.
Erzählungen beginnen meist mit einem unmittelbaren Einstieg. Die Vorgeschichte, die zu der gegenwärtigen Situation geführt hat, wird dann nachgeholt. Ein extremes Beispiel ist Kleists Erzählen, der z. B. in *Zweikampf* die Vorgeschichte in Nebensätzen des ersten Satzes nachträgt.

Herzog Wilhelm von Breysach, der, seit seiner heimlichen Verbindung mit einer Gräfin, namens Katharina von Heersbruck, aus dem Hause Alt-Hüningen, die unter seinem Range zu sein schien, mit seinem Halbbruder, dem Grafen Jakob dem Rotbart, in Feindschaft lebte, kam gegen das Ende des vierzehnten Jahr-

hunderts, da die Nacht des heiligen Remigius zu dämmern begann, von einer in Worms mit dem deutschen Kaiser abgehaltenen Zusammenkunft zurück, worin er sich von diesem Herrn, in Ermangelung ehelicher Kinder, die ihm gestorben waren, die Legitimation eines, mit seiner Gemahlin vor der Ehe erzeugten, natürlichen Sohnes, des Grafen Philipp von Hüningen, ausgewirkt hatte.

H. v. Kleist, Zweikampf. S.229

Rückwendungen geben oft den Blick frei für die eigentliche Tragik und Bedeutung, die den gegenwärtigen Vorgängen innewohnt (Beispiel: mitternächtlicher Bericht des Olivier in E.T.A. Hoffmanns *Das Fräulein von Scuderi*).

Rückwendungen innerhalb eines Textes geben meist die Voraussetzungen für einen kommenden Handlungsabschnitt oder haben einen abschweifend-bereichernden Charakter für die Handlung und bilden dadurch Gegengewichte gegen den Handlungsfluss.

Rückwendungen am Schluss (wie z. B. im Kriminalroman) klären rätselhaft gebliebenes Geschehen auf. Mit der Aufdeckung aller Zusammenhänge lernen alle Beteiligten - und mit ihnen die Leser - ihre Vergangenheit verstehen.

Aber hier, falls ein Ungläubiger noch Zweifel nähren sollte, sind die Beweise: Rosalie, ihre Kammerzofe war es, die mich in jener Nacht des heiligen Remigius empfing, während ich Elender in der Verblendung meiner Sinne, sie selbst, die meine Anträge stets mit Verachtung zurückgewiesen hat, in meinen Armen zu halten meinte.

H. v. Kleist, Zweikampf. S.259

Vorausdeutungen   *das war aber nicht zu seinem Vorteil*

Unter Vorausdeutungen versteht man die Vorwegnahme oder Andeutung zukünftiger Erzählteile. Sie sind einmal ein sicheres Kriterium für die Stellung des Erzählers, ob er mit seinen Personen voranschreitet und den Leser die Welt mit ihren Augen sehen lässt oder ob er das Geschehen aus einer späteren Sicht vor dem Leser aufrollt.

Titel, Vorwort, Kapitelüberschriften können Vorausdeutungen sein und Hinweise zum Thema und zur Aufschlüsselung des Geschehens geben (Beispiel: J. W. v. Goethe, *Die Leiden des jungen Werthers*).

Vorausdeutungen haben vor allem die Aufgabe, Zusammenhänge aufzuzeigen, die Erzählung zu ordnen. Sie dienen der Konzentration auf das Ende hin.

Wird zu Beginn der Erzählung das Ende vorweggenommen, so kann der Erzähler in Ruhe den Umständen nachgehen (Ersetzung der Was-Spannung durch die Wie-Spannung).

*Drei Jahre später, **als Regine längst tot war**, traf ich Erwin Altenauer... in der gleichen Stadt wieder... und von ihm erfuhr ich den Abschluss der Geschichte [von Regine, M.Z.].*

G. Keller, Regine

Der Erzähler teilt hier den Tod von Regine mit, bevor er das Ende ihres Lebens erzählt.

Neben den Vorausdeutungen des Erzählers gibt es auch in der Figurenrede viele Möglichkeiten der Vorausdeutung: Prophezeiungen, Träume, Ängste, Wünsche, Ahnungen, aktive Zukunftsgestaltung.

Die Analyse der Zeitstruktur eines epischen Textes gibt Einblicke in die Struktur und die Zusammenhänge. Typisch für moderne Romane ist, dass es keine zusammenhängende Handlung mehr gibt, die Zeit kein Ordnungsfaktor mehr für die Erzählung ist. Stattdessen werden die Ereignisse durch Kontrastierung, Entsprechung, Parallelen (Frisch, *Stiller*) oder scheinbar zufällig (Frisch, *Mein Name sei Gantenbein*) organisiert.

4.2 Erzähltempus und Tempuswechsel

Im Unterschied zur mündlichen Rede, in der Vergangenes im Perfekt erzählt wird, wird im Schriftlichen das **Präteritum** (= Imperfekt) bevorzugt (Der Erzähler als der *raunende Beschwörer des Imperfekts*. Th. Mann). Es ist zum einen distanzierend (als Vergangenheit), zum anderen betont es die Nähe zur Gegenwart. Außerdem gibt das Präteritum stilistisch mehr Möglichkeiten (Ablaut (l<u>au</u>fen – l<u>ie</u>f), Stellung des Verbs im Satz, Personalform). In der Er-Erzählung rückt das im Präteritum Erzählte stärker in die Gegenwart, in der Ich-Erzählung überwiegt die Vergangenheitsfunktion (Rückblick auf vergangenes Leben). Der Zeitbezug dieses **epischen Präteritums** ist so weit verloren gegangen, dass sogar Zukünftiges darin ausgedrückt werden kann: *Morgen war Sonntag.*

Das **Präsens** wird benutzt, um Gegenwärtiges, Vergangenes und Zukünftiges auszudrücken. Es ist die Zeitstufe der Vergegenwärtigung und Distanzlosigkeit. Plötzlicher Übergang ins Präsens innerhalb eines im Präteritum erzählten Textes (sog. **historisches Präsens**) rückt den Vorgang direkt vors Auge.

Tempuswechsel in einem Text sind deshalb häufig nicht nur Zeitenwechsel, sondern auch Perspektivwechsel.

*Daselbst **fiel** ein großer toller Hund, der schon mehrere Menschen beschädigt hatte, über zwei, unter einer Haustür spielende, Kinder her. Eben **zerreißt** er das jüngste, das sich, unter seinen Klauen, im Blute **wälzt;***

Heinrich von Kleist, *Mutterliebe.* S.277

5 Sprache der Epik

Bis zum 16. Jahrhundert waren auch die meisten epischen Werke in Verssprache verfasst.

Ûf eine burc kom er geriten. (V.653)	*Er kam geritten auf ein Schloss,*
dâ was der wirt in den siten	*der Burgherr focht mit wildem Tross*
daz er urliuges wielt	*in steten rauhen, blutigen Fehden.*
und ouch vil gerne die behielt,	*Und gern behielt er bei sich jeden,*
die wol getorsten rîten	*der mutig, keck verstand zu reiten*
und mit den vînden strîten.	*und tüchtig mit dem Feind zu streiten.*

Wernher der Gartenaere, *Meier Heimbrecht*, übersetzt von Helmut Protze

Prosa (lat.: die geradeaus gehende Rede): ungebundene Rede im Gegensatz zur gebundenen Rede des Verses

Da die Prosa als Sprache des Alltags hauptsächlich den Bedürfnissen des täglichen Lebens dient, hat sich mit dem Wort *prosaisch* der Begriff des Nüchternen, Kunstabgeneigten verbunden. Es sind aber schon in der Antike literarische Texte in Prosa geschrieben worden. In der modernen Literatur können Texte aller literarischen Gattungen in Prosa geschrieben werden. Vor allem gilt sie aber als Kennzeichen der Epik.

Kennzeichen der Sprache in der Epik (im Unterschied zur Lyrik) ist, dass sie eine Welt mit Raum, Zeit, Figuren und Geschehen erzeugt. Sie ist detaillierter, weniger verdichtet, weniger metaphorisch als die lyrische Sprache. Die Prosa der Epik unterscheidet sich mehr oder weniger von der Umgangssprache: zum Beispiel durch die komplexere Syntax (s. das Zitat aus Kleists *Zweikampf* auf S.21) und den größeren Wortschatz.

Bei der modernen Prosa findet eine Annäherung an die Alltagssprache statt.

Im Zoologischen Garten, auf einer Bank im Schatten. Wärter gehen umher und spritzen die staubigen Sandwege. Zwei Rentner, jeder auf einer Bank allein, jeder ein japanisches Taschenradio neben sich, auf denselben Sender eingestellt, „Rund um die Berolina". Freizeit bis zum Lebensende.

Botho Strauß, Die Widmung. S.9

6 Formen der Epik

Aus der Fülle epischer Formen werden hier nur wenige herausgegriffen und in der Reihenfolge ihrer Entstehungszeiten charakterisiert.

EPISCHE KURZFORMEN

MÄRCHEN (Maere, mittelhochdeutsch: Kunde, Nachricht)
Volksmärchen: Erzählung wunderbarer Begebenheiten ohne zeitliche, räumliche und kausale Festlegung in der Wirklichkeit. Es stellt *unmögliche Begebenheiten unter möglichen oder unmöglichen Bedingungen als wirklich dar* (Goethe). Die Naturgesetze sind aufgehoben: Es gibt sprechende Tiere, verwunschene Prinzessinnen und Prinzen. Es herrscht eine naive Moral (Bestrafung des Bösen, Belohnung des Guten).
Typisierte Gestalten, einfache Erzählweise, selbstverständliche Kontraste (groß und klein, klug und dumm, ...), Wiederholungen, Erfüllung, Konzentration auf die Hauptfigur sind Merkmale des Volksmärchens.
Die Verfasser sind anonym. Die Märchen sind mündlich überliefert, wahrscheinlich zur Zeit der Völkerwanderung aus dem Orient nach Europa gekommen. In der Romantik wurden sie z. B. von den Gebrüdern Grimm gesammelt und aufgeschrieben (ca. 1815).
Kunstmärchen: Schöpfung eines Dichters. Volkstümliche Elemente werden aufgenommen und in differenzierterer Form in einen philosophischen Zusammenhang gebracht.
Beispiele: E.T.A. Hoffmann, *Der goldene Topf*; W. Hauff, *Zwerg Nase*; L. Tieck, *Der blonde Eckbert*.

FABEL (lat.: Erzählung)
Eine allgemeine Wahrheit oder ein moralischer Satz wird anhand eines überraschenden Beispiels (Übertragung menschlicher Verhaltensweisen vor allem auf Tiere) dargestellt. Eine Erläuterung innerhalb der Fabel ist meist überflüssig, da die Bedeutung leicht entschlüsselt werden kann. Die Fabel hat einen lehrhaftsozialkritischen Charakter. In der Zeit der Reformation stand sie im Dienst der religiösen Erneuerung. In der Aufklärung hatte sie ihren Höhepunkt und war Ausdruck einer rational verstandenen Weltordnung.
Beispiele: Fabeln von Aesop, Luther, Lafontaine, Lessing.

PARABEL (griech.: Gleichnis)
Gleichniserzählung, die bildhaft einen Einzelfall (meist aus dem gewöhnlichen Leben) erzählt, dem aber eine höhere, allgemeinere Bedeutung beigemessen wird. Die Analogiebildung erstreckt sich dabei nicht (wie in der Fabel) über alle Einzelheiten, sondern beschränkt sich meist auf einen Vergleichspunkt. Im Unterschied zum Gleichnis (*so wie*) enthält die Parabel keine direkte Verknüpfung mit der Hintergrundsbedeutung.
Typische Beispiele für Parabeln sind die fälschlich als *Gleichnisse* benannten kleinen Geschichten des Neuen Testamentes und die *Ringparabel* von Lessing (Nathan der Weise).
Moderne Parabeln (z. B. von Kafka) sind häufig deshalb schwer zu entschlüsseln, weil der Vergleichspunkt nicht erkennbar ist. Für manche moderne Autoren (z. B. Kafka) ist die Möglichkeit der Analogiebildung überhaupt zweifelhaft.

ANEKDOTE (griech.: das nicht Herausgegebene)
Ursprünglich eine *Klatschgeschichte*, die im Geheimen verbreitet wurde. Eine bekannte Persönlichkeit wird durch eine zugespitzte sprachliche Äußerung oder Geste charakterisiert. Mit dem Witz gemeinsam hat sie die Zuspitzung auf eine überraschende Pointe hin. Sie wurde zu einem subtilen Instrument von Gesellschaftskritik.
Beispiele: Anekdoten von Kleist.

NOVELLE (lat.: Neuigkeit)
Darstellung einer *unerhörten Begebenheit*, die früher der Unterhaltung eines adligen Hörerkreises diente: Was gibt es Neues? (Boccaccio, *Decamerone*).
Im 19. Jahrhundert erhielt die Novelle ihre strenge Form. Sie soll *die menschliche Natur und ihre inneren Verborgenheiten auf einen Augenblick* eröffnen (Goethe). Der Handlungsablauf ist wie im klassischen Drama kunstvoll auf einen Höhepunkt, Krisenpunkt (Peripetie) hin komponiert. Der Drehpunkt der Handlung wird häufig durch ein Dingsymbol (*Falke* nach Boccaccios gleichnamiger Novelle) vergegenständlicht, das die einzelnen Erzählabschnitte verbindet. Gedrängte Darstellung und objektiver Berichtstil ohne Einmischung des Erzählers sind Merkmale der Novelle. Die *unerhörte Begebenheit* hat symbolischen Charakter.
Im 20. Jahrhundert lockert sich die strenge Form, die Handlung wird fragmentarisch und erhält ihren Impuls aus seelischen Konflikten (Schnitzler, *Spiel im Morgengrauen*).
Beispiele: Goethe, *Novelle*; Kleist, *Die Marquise von O...*; Storm, *Der Schimmelreiter*; Droste-Hülshoff, *Die Judenbuche*; Th. Mann, *Tod in Venedig*.

KURZGESCHICHTE (Übersetzung des amerikanischen Begriffes *short story*)
ein Stück herausgerissenes Leben
Kurze Erzählung aus dem Alltagsleben. Sie verzichtet auf Einleitung (unmittelbarer Einstieg), Motivierung und Entwicklung. Sie stellt häufig einen (z. B. psychologisch) entscheidenden Augenblick dar, ist straff auf den Schluss hin komponiert, der häufig unerwartet ist und nicht alles klärt (offener Schluss). Häufig ist die Mittelpunktfigur ein Außenseiter.
In Deutschland gibt es seit 1920 Kurzgeschichten.
Beispiele: Hemingway, *Alter Mann an der Brücke*; Borchert, *Das Brot*; Böll, *An der Brücke*; Aichinger, *Das Fenstertheater*; Bichsel, *San Salvador*.

EPISCHE GROSSFORMEN

EPOS (griech.: Wort, Erzählung, auch Vers)
Älteste epische Großform in gehobener Sprache, häufig mit festem Metrum und Reimschema, mit vielen Wiederholungen und feststehenden Formeln. Es berichtet von den Schicksalskämpfen und Taten von Göttern und Helden und verherrlicht historische Ereignisse und Personen. Die Gestalten sind ohne individuelle Eigentümlichkeit, der Erzähler kommt kaum zu Wort (*das Epos erzählt sich selbst*), er überschaut alles. Das Epos wurde feierlich vorgetragen und musikalisch untermalt.
Beispiele: Homer, *Ilias* bzw. *Odyssee*; Vergil, *Aeneis*; *Die Nibelungen*; Dante, *Die Göttliche Komödie*.

ROMAN   *Wer Roman list, der list Lügen*
(ursprünglich im Frankreich des 12.Jahrhunderts jede Schrift in der Volkssprache, der *lingua romana* im Gegensatz zum gelehrten Schrifttum in der *lingua latina*)
Epische Großform, die seit dem 17. Jahrhundert in Deutschland das Epos ersetzt. Der Roman ist in Prosa geschrieben. Seine *Helden* sind keine Götter oder besondere Menschen. Nicht nur äußere Taten, sondern innere Entwicklungen bestimmen den Gang der Handlung.
Es gibt eine unüberschaubare Fülle von Romanformen. Wichtig für die deutsche Romangeschichte war der Entwicklungs- oder Bildungsroman (etwa Goethes *Wilhelm Meister*, 1795/96), in dem die Spannung zwischen Innerlichkeit und sozialer Bewährung gestaltet wird.
Auf den Roman trifft in besonderem Maße die Definition von Epik als Gestaltung einer eigenen fiktionalen Welt zu. Der Roman ist eine Form, *in welcher der Verfasser sich die Erlaubnis ausbittet, die Welt nach seiner Weise zu behandeln* (Goethe).
Ähnlich wie der Film hat vor allem der Roman des 19. Jahrhunderts die Tendenz, den Leser in die von ihm geschaffene fiktionale Welt einzubeziehen, so dass eine Vertrautheit zwischen Leser und Romanfiguren entsteht. Heute haben Fernsehserien eine ähnliche Wirkung. Wie diese wurden früher Romane vielfach als eine Art Suchtmittel gesehen und bekämpft:
Denn die ROMANS setzen das Gemüth mit ihren gemachten REVOLUTIONEN / freyen Vorstellungen / feurigen Außdruckungen / und andren bunden Händeln in Sehnen / Unruh / Lüsternheit und Brunst / nehmen den Kopff gantz als in Arrest / setzen den Menschen in ein Schwitzbad der PASSIONEN / verderben folgens

auch die Gesundheit / machen MELANCHOLICOS und Duckmauser / der AP-
PETIT vergeth / der Schlaff wird verhinderet und WALTZT MAN SICH IM BETH
HERUM / ALS WIE DIE THÜR IM ANGEL / den zu anderem tüchtig gewesten
Geist machen sie träg und überdrüssig / betauben und belästigen das Gedecht-
nuß (indem solche Sachen allzeit eh hafften / als etwas fruchtbares) verhinderen
Geschäfft und studiern / und endlich an statt Wissenschaft beyzubringen schar-
ren sie etwas zusammen / das schlimmer ist als jede Ohnwissenheit /

Gotthard Heidegger, 1698

7 Fragen zum Erschließen epischer Texte

1. ERSTER EINDRUCK

(1) Was spricht Sie an dem Text an (Inhalt, Form)? Was nicht?
(2) Was ist unverständlich?
(3) Versuchen Sie in einem Satz zu sagen: Wovon handelt der Text? Welches formale Mittel ist das wichtigste?
(4) Formulieren Sie eine erste Interpretationsthese.

2. INHALT

(5) Um welches Problem geht es? Was ist das Besondere an der dargestellten Situation? Was ist übertragbar, allgemein?
(6) Welche Konflikte werden dargestellt? Gibt es Lösungsversuche?
(7) Sammeln Sie wichtige Textelemente, z. B.: Figuren und deren Beziehung zueinander, Handlung, Schauplätze und Zeit des Geschehens (Wer? – Wann? – Wo? – Was?).

3. FORM UND SPRACHE

Suchen Sie aus den folgenden Fragen diejenigen aus, die für den Text von Bedeutung sind:

(8) Wie ist der Text aufgebaut (Spannungsbogen, Höhepunkte, Wendepunkte)? Besteht eine Beziehung zwischen dem Aufbau und der Verwendung besonderer Textelemente (Inhalt, Form)?
(9) Welche Formen uneigentlichen Sprechens gibt es in dem Text (Bilder, Vergleiche, Metaphern, Ironie)? Wie können sie interpretiert werden?
(10) Welche Redensarten, formelhaften Wendungen, feststehenden Wortverbindungen werden gebraucht? Welche Bedeutung haben sie?
(11) Welche Wertung kommt direkt oder indirekt zum Ausdruck?
(12) Welche Haltung nimmt der Erzähler gegenüber seinem Gegenstand und seinem Leser ein?
(13) Aus welcher Perspektive wird erzählt? Steht der Erzähler im Geschehen oder außerhalb? Bedient er sich der Innenperspektive einer oder mehrerer Erzählfiguren?
(14) Wie ist die Zeit gestaltet (Verhältnis von Erzählzeit und erzählter Zeit usw.)?
(15) Wie sind die Figuren gestaltet? Haben ihre Namen eine besondere Bedeutung?

(16) In welchem Verhältnis stehen Erzählerbericht und Figurenrede?
(17) Welche sprachlichen Besonderheiten weist der Text auf (Wortarten, Syntax, Parataxe oder Hypotaxe)? Was heißt das für die Aussage des Textes?
(18) Zu welcher literarischen Gattung gehört der Text (z. B. Kurzgeschichte)? Wie sind die entsprechenden Merkmale ausgeprägt?
(19) Überprüfen Sie: Bestätigt die Analyse Ihren ersten Eindruck? Können Sie jetzt die unverständlichen Stellen erklären? Kann die erste Interpretationsthese aufrechterhalten werden?

Formulieren Sie, nach Beantwortung dieser Fragen, eine (oder mehrere) Interpretationsthese(n) für den Text und begründen Sie dann schriftlich mit Form und Inhalt des Textes!

Diese Fragen sind nur ein Hilfsmittel zur Begründung der eigenen Interpretation, sie können die persönliche Auseinandersetzung mit dem Inhalt des Textes nur ergänzen.

8 Beispiel eines epischen Textes

GEHORSAM
Eine Kaulquappe hatte einen Weißfisch geehelicht. Als ihr Beine wuchsen und sie ein Frosch zu werden begann, sagte sie eines Morgens zu ihm: Martha, ich werde jetzt bald einer Berufung aufs Festland nachkommen müssen, es wird angebracht sein, dass du dich beizeiten daran gewöhnst, auf dem Lande zu leben. „Aber um Himmels willen!", rief der Weißfisch verstört, „bedenke doch, Lieber: meine Flossen! Die Kiemen!" Die Kaulquappe sah seufzend zur Decke empor. „Liebst du mich, oder liebst du mich nicht?" „Ei, aber ja", hauchte der Weißfisch ergeben. „Na also", sagte die Kaulquappe.

W. Schnurre, *Protest im Parterre.* S.55

BEMERKUNGEN ZUR ANALYSE UND INTERPRETATION

1. *Gehorsam* ist eine Fabel, da den Tieren hier menschliche Eigenschaften zugesprochen werden (heiraten, sprechen). Dadurch wird ein Aspekt (biologischer Zwang) überbetont und zum Nachdenken provoziert.
Diese Fabel enthält keine ausdrückliche Lehre, ihre Bedeutung kann aus der Geschichte entnommen werden.

2. In *Gehorsam* wird das traditionelle Verhältnis von Mann und Frau karikiert. Die Kaulquappe, der Mann, verwandelt sich. Die Zeit der Nähe und Gemeinsamkeit, die er mit seiner Frau, dem Weißfisch, verbracht hat, war ein Durchgangsstadium, das nun zu Ende geht. Er denkt an die Zukunft und verhält sich pädagogisch (er räumt ihr eine Gewöhnungszeit ein). Seinen Zwang stellt er als höhere Aufgabe, als Berufung dar. Er verlangt von ihr, dass sie ihren Lebensbereich verlässt, und sieht nicht, dass das für sie den Tod bedeutet. Er betrachtet sie als seinen Besitz: er setzt bei ihr die gleichen Möglichkeiten voraus wie bei sich.

Die beiden Lebensbereiche können auch symbolisch interpretiert werden:

WASSER: weibliches Element, Leichtigkeit, ihr einzig möglicher Lebensbereich, Fließen, Verschmelzung, Gefühl.
FESTLAND: männlicher Bereich, das Feste, Schwere, Ort der Objektivität (Aufgabe, Beruf, Distanz, Rationalität).
Sie gibt ihm vorsichtig ihre Konstitution, ihre Andersartigkeit zu bedenken: Flossen (Fortbewegung), Kiemen (Atmung). Er reagiert genervt, nimmt das nicht ernst, sieht ihre Bedenken als Ausdruck mangelnder Liebe. Als sie ihm unterwürfig ihre Liebe bestätigt, ist für ihn alles erledigt. Das Ende bleibt offen. Die Überschrift *Gehorsam* legt aber nahe, dass sie sich ihm unterordnet und das mit dem Leben bezahlt.
Seine Forderung ist deshalb besonders brutal, weil er flexibler ist, sich in beiden Bereichen bewegen kann. Das Wasser ist sein ausschließlicher Lebensbereich in der ersten Lebensphase (Kindheit, Heranreifen), später ist das Festland sein eigentlicher Lebensbereich, aber er muss immer wieder eintauchen. Für den Weißfisch gibt es aber keine Alternative.

3. Das traditionelle Geschlechterverhältnis wird hier nicht hinterfragt, sondern es erscheint durch die biologischen Umstände als Zwang. Gemildert wird das durch das Spiel mit dem grammatischen Geschlecht (Umkehrung: die Kaulquappe, der Weißfisch). Diese Zuspitzung der Geschichte legt aber auch eine Lösung nahe: Lebbar ist eine Beziehung zweier Menschen mit unterschiedlichen Lebensumständen nur, wenn die Vorstellung des Einsseins aufgegeben wird, wenn beide loslassen können, vorübergehende Trennungen akzeptieren.

4. Diese Fabel ist mehr Dialog als Erzählung. Nur im ersten Teil fasst der Erzähler die Vorgeschichte zusammen. Im Folgenden beschränkt er sich auf die Charakterisierung der Redeweisen, die das traditionelle Geschlechterverhältnis noch weiter betonen: Sie reagiert auf sein Verlangen *verstört*, er auf ihre Bedenken genervt und abwertend (*sah seufzend zur Decke empor*). Ihre Liebeserklärung ist eine Unterwerfung (*hauchte der Weißfisch ergeben*). Ihre Ergebenheit beruhigt ihn: Es gibt eigentlich gar kein Problem. Die Figuren werden durch ihre Artzugehörigkeit (Kaulquappe, Weißfisch) charakterisiert und durch ihre Selbstoffenbarung in der Rede, die einige Redewendungen enthält. Beides unterstützt das Typisierende.

DRAMATIK

Drama, griech.: Handlung
Dramatik, griech.: das Drama betreffend - dramatische Literatur

Das Drama ist ein durch Schauspieler vorgeführtes Geschehen.
Alles, was dem Zuschauer im Drama mitgeteilt werden soll, muss ihm durch Mimik, Gestik und Sprechen der handelnden Personen und durch Bühnenbild und Requisiten übermittelt werden: die Gedanken und Gefühle der Personen, die häufig dem Gesagten zuwiderlaufen, die Vorgeschichte der Handlung, das Geschehen außerhalb des Ortes der Handlung. Die Personen müssen durch äußere oder innere Konflikte vom Autor zum Sprechen und Handeln provoziert werden.
Extreme Formen dramatischer Dichtung sind das Hörspiel, das sich ausschließlich auf die Sprache und Geräusche beschränkt, und die Pantomime, die nur die mimischen und gestischen Elemente des Dramas enthält.
Dramatische Literatur ist eigentlich nicht zum Lesen gedacht, sondern eher eine Handlungsanweisung für Regisseure und Schauspieler. Erst durch die Aufführung vor Publikum wird sie voll realisiert. Sie erhält dort eine Art objektiver Realität, die auf die Zuschauer unmittelbar einwirkt. Diese Unmittelbarkeit unterscheidet die Dramatik vor allem von den anderen literarischen Gattungen.

Die Unterschiede zwischen Epik und Dramatik werden besonders deutlich, wenn ein Autor einen Romanstoff in eine dramatische Form umarbeitet. Dies hat Max

Frisch (1911-1991) einmal getan. Den Anfang des Romans *Stiller* hat er für den Anfang seines Hörspiels *Rip van Winkle* benutzt.

a) ROMAN

Ich bin nicht Stiller! - Tag für Tag, seit meiner Einlieferung in dieses Gefängnis, das noch zu beschreiben sein wird, sage ich es, schwöre ich es und fordere Whisky, ansonst ich jede weitere Aussage verweigere. Denn ohne Whisky, ich hab's ja erfahren, bin ich nicht ich selbst, sondern neige dazu, allen möglichen guten Einflüssen zu erliegen und eine Rolle zu spielen, die ihnen so passen möchte, aber nichts mit mir zu tun hat, und da es jetzt in meiner unsinnigen Lage (sie halten mich für einen verschollenen Bürger ihres Städtchens!) einzig und allein darum geht, mich nicht beschwatzen zu lassen und auf der Hut zu sein gegenüber allen ihren freundlichen Versuchen, mich in eine fremde Haut zu stecken, unbestechlich zu sein bis zur Grobheit, ich sage: da es jetzt einzig und allein darum geht, niemand anders zu sein als der Mensch, der ich in Wahrheit leider bin, so werde ich nicht aufhören, nach Whisky zu schreien, sooft sich jemand meiner Zelle nähert. Übrigens habe ich bereits vor Tagen melden lassen, es brauche nicht die allererste Marke zu sein, immerhin eine trinkbare, ansonst ich eben nüchtern bleibe, und dann können sie mich verhören, wie sie wollen, es wird nichts dabei herauskommen, zumindest nichts Wahres. Vergeblich! Heute bringen sie mir dieses Heft voll leerer Blätter: Ich soll mein Leben niederschreiben! wohl um zu beweisen, dass ich eines habe, ein anderes als das Leben ihres verschollenen Herrn Stiller.

„Sie schreiben einfach die Wahrheit", sagt mein amtlicher Verteidiger, „nichts als die schlichte und pure Wahrheit. Tinte können Sie jederzeit nachfüllen lassen!"

Heute ist es eine Woche seit der Ohrfeige, die zu meiner Verhaftung geführt hat. Ich war (laut Protokoll) ziemlich betrunken, weswegen ich Mühe habe, den Hergang zu beschreiben, den äußeren.

„Kommen Sie mit!", sagte der Zöllner.

„Bitte", sagte ich, „machen Sie jetzt keine Umstände, mein Zug fährt jeden Augenblick weiter – "

„Aber ohne Sie", sagte der Zöllner.

Die Art und Weise, wie er mich vom Trittbrett riss, nahm mir vollends die Lust, seine Fragen zu beantworten. Er hatte den Pass in der Hand. Der andere Beamte, der die Pässe der Reisenden stempelte, war noch im Zug. Ich fragte:

„Wieso ist der Pass nicht in Ordnung?" Keine Antwort.

„Ich tue nur meine Pflicht", sagte er mehrmals, „das wissen Sie ganz genau."

Ohne auf meine Frage, warum der Pass nicht in Ordnung sei, irgendwie zu antworten - dabei handelte es sich um einen amerikanischen Pass, womit ich um die halbe Welt gereist bin! - wiederholte er in seinem schweizerischen Tonfall:

„Kommen Sie mit!"

„Bitte", sagte ich, „wenn Sie keine Ohrfeige wollen, mein Herr, fassen Sie mich nicht am Ärmel; ich vertrage das nicht."

„Also vorwärts!"

Die Ohrfeige erfolgte, als der junge Zöllner, trotz meiner ebenso höflichen wie deutlichen Warnung, mit der Miene eines gesetzlich geschützten Hochmuts behauptete, man werde mir schon sagen, wer ich in Wirklichkeit sei. Seine dunkelblaue Mütze rollte in Spirale über den Bahnsteig, weiter als erwartet, und einen Atemzug lang war der junge Zöllner, jetzt ohne Mütze und somit viel menschlicher als zuvor, dermaßen verdutzt, auf eine wutlose Art einfach entgeistert, dass ich ohne weiteres hätte einsteigen können. Der Zug begann gerade zu rollen, aus den Fenstern hingen die Winkenden; sogar eine Wagentüre stand noch offen. Ich weiß nicht, warum ich nicht aufgesprungen bin. Ich hätte ihm den Pass aus der Hand nehmen können, glaube ich, denn der junge Mensch war derart entgeistert, wie gesagt, als wäre seine Seele ganz und gar in jener rollenden Mütze, und erst als sie zu rollen aufgehört hatte, die steife Mütze, kam ihm die begreifliche Wut. Ich bückte mich zwischen den Leuten, beflissen, seine dunkelblaue Mütze mit dem Schweizerkreuz-

Wäppchen wenigstens einigermaßen abzustauben, bevor ich sie ihm reichte. [...]
Anfang des Romans: Max Frisch, *Stiller* (1954). S.9 f.

b) HÖRSPIEL

In einem Bahnhof. Man hört Pfiffe in der Ferne, Gedampf einer wartenden Lokomotive, Ausrufe aller Art, Gewirr von Stimmen, dann vor allem: Ein Eisenbahner geht von Achse zu Achse, klopft mit seinem Hammer an jedes einzelne Rad, um es zu prüfen.

DIE DAME: Was soll denn das?

DER HERR: Der prüft, ob alle Räder in Ordnung sind, das machen sie doch immer. Wann bist du denn in Rom?

DIE DAME: Gegen Mittag -
(Ein Schaffner geht den Zug entlang und schmettert die Türen zu.)

SCHAFFNER: Einsteigen, bitte! Einsteigen, bitte!

DER HERR: Also - leb wohl!

DIE DAME: Lieber!

SCHAFFNER: Einsteigen, bitte!

DIE DAME: Aber auf Ostern kommst du bestimmt –

DER HERR: Sobald ich es machen kann.

SCHAFFNER: Einsteigen, bitte! Einsteigen, bitte!
(Der Schaffner schmettert die Türe zu und geht weiter.)

FREMDLING: Spaß beiseite, mein Herr! Machen Sie jetzt keine Umstände, mein Zug fährt jeden Augenblick ab.

ZÖLLNER: Aber ohne Sie.

FREMDLING: Spaß beiseite.

ZÖLLNER: Sie kommen mit mir!

AUSRUFERIN: Heiße Würstchen! Heiße Würstchen!

AUSRUFER: Illustrierte, Zigaretten, Illustrierte!

AUSRUFERIN: Heiße Würstchen!

ZÖLLNER: Vorwärts!

FREMDLING: Was zum Teufel geht es Sie an, wie ich heiße? Natürlich habe ich einen Namen, aber was zum Teufel -

ZÖLLNER: Ich tue nur meine Pflicht. Das wissen Sie ganz genau, jeder Reisende ist verpflichtet, sich auszuweisen.

FREMDLING: Wieso?

ZÖLLNER: Kommen Sie jetzt auf den Posten, mein Herr, aber vorwärts, wir werden schon herausfinden, wie Sie heißen.

FREMDLING: Unterstehen Sie sich!

ZÖLLNER: Es ist nicht mein Fehler, wenn Sie nicht weiterfahren können.

LAUTSPRECHER: Achtung, Achtung!

SCHAFFNER: Bitte, Türen schließen!

LAUTSPRECHER: Express Kopenhagen - Rom, Abfahrt 23.17. Bitte, Türen schließen!

DIE DAME: Leb wohl, Lieber! Leb wohl!

DER HERR: Leb wohl!

DIE DAME: Auf bald!

AUSRUFERIN: Heiße Würstchen! Heiße Würstchen!

AUSRUFER: Zigaretten, Illustrierte, Zigaretten!

AUSRUFERIN: Heiße Würstchen!

FREMDLING: Sie sollen mich nicht anrühren, sage ich. Ich vertrage das nicht. Verstanden! Oder ich gebe Ihnen eine Ohrfeige, dass Ihre schöne Mütze über den ganzen Bahnsteig rollt.

ZÖLLNER: Unterstehen Sie sich!

FREMDLING: Bitte -
(Man hört eine klatschende Ohrfeige.)

ZÖLLNER: Mensch!

(Jetzt pfeift der Zug, Rufe der Abschiednehmenden, dazu das immer raschere Rollen der Röder, das heißt: Der Schlag auf den Schienenstößen folgt in immer rascherem Rhythmus.)
FREMDLING: Hier, mein Herr, ist Ihre Mütze...
(Pfiff der Lokomotive in der Ferne.)

Anfang des Hörspiels: Max Frisch, *Rip van Winkle* (1953)

Was Max Frisch sich hier vorgenommen hat, scheint ein besonderes Wagnis zu sein. Thema (Identität, Verhältnis von Selbstsicht und Fremdsicht) und Erzählform (Ich-Erzähler mit viel Raum für Reflexionen, Bewusstseinsvorgängen, Kommentaren, Tagebuchcharakter) sperren sich gegen eine dramatische Behandlung.
Beiden Werken liegt die gleiche Handlung zugrunde: Ein *Fremdling* kommt nach langer Zeit in sein Herkunftsland zurück und möchte nicht mehr derjenige sein, der er vor seiner Abreise gewesen ist. Die Handlung wird dadurch in Gang gebracht, dass man den Helden verhaftet und mit seiner alten Identität konfrontiert, die er hartnäckig bestreitet. Neben diesen Handlungsparallelen gibt es auch Ähnlichkeiten in der Figurenrede *(„Kommen Sie mit!", sagte der Zöllner – ZÖLLNER: Sie kommen mit mir!).*
Doch die Unterschiede zwischen den beiden Texten machen die Besonderheiten der beiden Gattungen deutlich:
Der Roman ist entscheidend durch den Ich-Erzähler geprägt. Der Leser erfährt zunächst den Hintergrund des Geschehens aus seiner Sicht. Die Ohrfeigszene wird rückblickend zur näheren Erläuterung der Gegenwartssituation herangezogen. Ort und Umstände werden äußerst verkürzt erzählt. Die Figurenrede wird von kommentierenden Äußerungen des Erzählers begleitet *(Die Art und Weise, wie er mich vom Trittbrett riss, nahm mir vollends die Lust, seine Fragen zu beantworten.).*
Im Hörspiel fehlt diese vermittelnde Instanz. Der Zuhörer wird ohne zeitlichen Abstand, unvorbereitet mit der Ohrfeigszene konfrontiert. Er muss sich den Hintergrund, vor dem das Geschehen verständlich wird, aus den szenischen Vorkommnissen und der Figurenrede erschließen. Was der Erzähler mit Worten beschreibt, das muss im Hörspiel oder Drama durch andere Zeichen (Akustik, Optik) und durch zusätzliche Figuren (Dame, Herr, Schaffner, Ausrufer, Ausruferin) erreicht werden.
Eine besondere Schwierigkeit bietet die erzählerische Ironie, die im dramatischen Text z. B. durch die Intonation der Darsteller bei der Aufführung ausgedrückt werden kann.

1 Elemente des Dramas

1.1 Behandlung des Zuschauers

Bevor eine Aufführung beginnt, sind die Erwartungen des Zuschauers durch eine Reihe von Vorinformationen bestimmt: Titel (z. B. Marivaux, *Das Spiel von Liebe und Zufall*), Gattungsbezeichnung (z. B. Komödie), Figurenverzeichnis, Kenntnisse über den Autor, frühere Inszenierungen, andere Bearbeitungen des Stoffes.
Während des Stückes finden die Dialoge immer auf zwei Ebenen statt:
- Die Dramenfigur muss in der fiktiven Welt des Stückes mit den anderen Figuren interagieren.
- Die Dramenfigur muss den Zuschauer mit den nötigen Informationen versorgen, damit er überhaupt in der Lage ist, dem Geschehen zu folgen.

Was den letzten Punkt angeht, so kann der Autor (wie beim Erzähler in Kriminalromanen) dem Zuschauer Wissen vorenthalten oder er kann ihn mehr wissen lassen als die Figuren, so dass er sich über das Fehlverhalten belustigen kann. Im letzten Fall spricht man auch von **dramatischer Ironie**.

Darüber hinaus gibt es besondere Formen der Figurenrede, in denen dem Zuschauer außerhalb des Dialoges Informationen gegeben werden können:
- **Beiseite-Sprechen**: Die Figur spricht in Anwesenheit anderer Figuren so, als ob sie nicht mithören könnten.
- **Monologe zum Publikum** hin (ad spectatores): Die Figur ist meist allein auf der Bühne und spricht ihre Gedanken laut aus, so dass die Zuschauer Innensichten kennen lernen können.
- **Teichoskopie**, die sog. Mauerschau: Eine Figur schaut von einer Mauer in die Ferne und berichtet (dem Publikum) etwas, was dieses nicht sehen kann.

1.2 Figuren und Figurencharakterisierung
Unterscheidung Person, Figur, Charakter

Die Begriffe *Person*, *Charakter*, *Figur* haben in der Dramentheorie eine andere Bedeutung als in der Psychologie oder Soziologie. Jeder der vier Begriffe hebt einen anderen Aspekt der literarischen Gestalt hervor:
- **Person**: Das lateinische Wort *persona* bedeutete ursprünglich die Maske des Schauspielers, wird aber auch zur Bezeichnung der sozialen Rolle verwendet (z. B. Rechtsanwalt, Politiker). Mit *Person* ist die Rolle gemeint, die eine Dramenfigur im Ensemble sämtlicher Figuren des Stückes zu spielen hat.
- **Charakter**: Das griechische Wort bedeutet Abdruck, Gepräge. Im Drama wird mit *Charakter* dasselbe gemeint wie mit der dramatischen *Person*, nur dass betont wird, dass diese mit bestimmten moralischen Qualitäten, geistigen Kräften und Zielvorstellungen versehen ist (z. B. Geizhals, Heuchler, Prahlhans usw.). Je mehr Eigenschaften in einer typischen Figur kombiniert werden, desto mehr nähert sie sich dem individuellen Charakter.
- **Figur**: Das lateinische Wort *figura* bedeutet Gebilde, Gestalt. Die Verwendung des Begriffes *Figur* für die dramatische Person soll deutlich machen,

dass es sich im Drama nicht um reale Personen, sondern um Phantasiepro-
dukte eines Autors, um literarische Konstrukte handelt.
- **Rolle**: Für den Schauspieler ist der dramatische *Charakter* eine Rolle, die er
  zu übernehmen hat. Aber auch auf der Bühne übernehmen die Figuren Rollen. Das Verständnis des Rollenspiels ist für das Verständnis eines Dramas
  unverzichtbar.

Erhält der Zuschauer möglichst viele Informationen über die Figuren und ihre
Bedeutung innerhalb der Figurengruppe, kann er die Handlung besser verstehen. Die Charakterisierung erfolgt in der Regel entweder durch die Figuren
selbst oder durch andere Figuren.

Zum Beispiel stellt sich Richard III. in dem gleichnamigen Stück von Shakespeare mit den folgenden Worten vor: *Entstellt, verwahrlost, vor der Zeit gesandt /
In diese Welt des Atmens, halb kaum fertig / Gemacht, und zwar so lahm und
ungeziemend, / Dass Hunde bellen, hink' ich wo vorbei.*

Neben dieser direkten Charakterisierung gibt es auch Formen der indirekten In-
formation: Aussehen, Kleidung, Verhalten, Sprache der Figuren, Umgebung.
Besonders aufschlussreich ist das Verhalten von Figuren in Entscheidungssitua-
tionen.

1.3 Dialog und Monolog

Wichtigstes Element des Dramas ist das **dialogische Sprechen**. Es hat eine
Fülle von Aufgaben zu bewältigen. Im Folgenden ist nur eine kleine Auswahl
zusammengestellt:
- Selbstcharakterisierung der Figuren,
- Darstellung der Beziehung zwischen den Figuren,
- Einführung des Zuschauers in die fiktive Welt des Stückes und in den Hand-
  lungszusammenhang,
- Hinweise auf die Beweggründe, Interessen und Ziele der handelnden Figu-
  ren,
- Interpretation der Situation und des Konfliktes durch die handelnden Figu-
  ren.

Dabei kann das Sprechen - wie in der alltäglichen Kommunikation - zur Verständigung führen, kann aber auch im Aneinandervorbeireden oder Verstummen
zum Ausdruck der Figuren werden. Nur selten fallen Gemeintes, Gesagtes und
das, was verstanden wird, zusammen. Dies liegt zum einen an der mangelnden
sprachlichen Kompetenz der Sprecher, zum anderen aber auch an den verschiedenen Ebenen der Kommunikation (z. B. Inhaltsebene, Beziehungsebene,
Selbstoffenbarung nach Schulz von Thun), wo es zu Störungen kommen kann.
Durch die Regieanweisungen bzw. durch die Darstellung auf der Bühne wird
Hintergründiges bzw. dem direkt Gesagten Gegenläufiges sichtbar gemacht.

Um den Schauspielern Hilfen für das Spiel zu geben, geben ihnen viele Regisseure sog. **Subtexte**, das sind Sätze, die für das Gemeinte stehen und an die
die Schauspieler während des Sprechens/Spielens denken sollen, damit die
Darstellung vielschichtiger wird.

1. Dialogbeispiel: Goethe, *Iphigenie auf Tauris*. 1787. 5. Akt, 3. Auftritt

Iphigenie soll von ihrem Vater Agamemnon geopfert werden, damit die Winde für den Trojanischen Krieg günstig stehen. Die Göttin Diana rettet sie und bringt sie nach Tauris, wo sie Priesterin werden soll. Der dortige König Thoas bietet ihr die Ehe an, sie möchte aber zurück in ihre Heimat Griechenland. Erzürnt will der König das Menschenopfer wieder einführen. Zwei Gefangene, in denen Iphigenie ihren Bruder Orest und dessen Freund erkennt, sollen die ersten Opfer sein. Durch einen Betrug am König will sie sich und die beiden Gefangenen befreien. Aber sie führt ihn nicht aus, sondern entdeckt dem König ihren Fluchtplan. Nach langen inneren Kämpfen gibt Thoas allen die Freiheit.

THOAS   Unwillig, wie sich Feuer gegen Wasser
                         Im Kampfe wehrt und gischend seinen Feind
                         Zu tilgen sucht, so wehret sich der Zorn
                         In meinem Busen gegen deine Worte.

IPHIGENIE   O lass die Gnade, wie das heil'ge Licht
                         Der stillen Opferflamme, mir, umkränzt
                         Von Lobgesang und Dank und Freude, lodern.

THOAS   Wie oft besänftigte mich diese Stimme!

IPHIGENIE   O reiche mir die Hand zum Friedenszeichen.

THOAS   Du forderst viel in einer kurzen Zeit.

IPHIGENIE   Um Guts zu tun, braucht's keine Überlegung.

THOAS   Sehr viel! denn auch dem Guten folgt das Übel.

IPHIGENIE   Der Zweifel ist's, der Gutes böse macht.
                         Bedenke nicht; gewähre, wie du's fühlst.

J.W. v. Goethe, Iphigenie auf Tauris. S.441 f

In diesem Drama treiben die Dialogszenen die Handlung voran. Eine Redeäußerung provoziert die nächste. Alle Figuren sind sich ihrer Lage voll bewusst. Das nichtsprachliche Handeln tritt zugunsten des argumentativ-kommunikativen Handelns zurück. Alle Figuren bewegen sich im gleichen gesellschaftlichen und weltanschaulichen Raum. Iphigenie überzeugt Thoas mit ihrer Wahrhaftigkeit und ihrer taktischen Klugheit. Das Kontern der Dialogpartner ist Ausdruck kunstvoller Rhetorik.

2. Dialogbeispiel: Büchner, *Woyzeck*. 1836/7

Woyzeck ist einfacher Soldat. Um Marie und das gemeinsame Kind zu ernähren, lässt er sich von einem Arzt zu medizinischen Experimenten missbrauchen. Marie fühlt sich zu einem Tambourmajor hingezogen, von dem sie Ohrringe geschenkt bekommen hat.

Marie sitzt, ihr Kind auf dem Schoß, ein Stückchen Spiegel in der Hand. Woyzeck tritt herein, hinter sie. Sie fährt auf mit den Händen nach den Ohren.

WOYZECK   Was hast du?

MARIE   Nix.

WOYZECK   Unter deinen Fingern glänzt's ja.

MARIE	Ein Ohrringlein; hab's gefunden.
WOYZECK	Ich hab so noch nix gefunden. Zwei auf einmal.
MARIE	Bin ich ein Mensch?
WOYZECK	S'ist gut, Marie. - Was der Bub schläft. Greif' ihm unter's Ärmchen. Der Stuhl drückt ihn. Die hellen Tropfen steh'n ihm auf der Stirn; Alles Arbeit unter der Sonn, sogar Schweiß im Schlaf. Wir arme Leut! Da is wieder Geld Marie, die Löhnung und was von mein'm Hauptmann.
WOYZECK	Gott vergelt's Franz.
MARIE	Ich muss fort. Heute Abend, Marie, Adies.
MARIE	*allein, nach einer Pause:* Ich bin doch ein schlecht Mensch. Ich könnt' mich erstechen. - Ach! Was Welt? Geht doch Alles zum Teufel, Mann und Weib.

Büchner, Woyzeck. S.164

Hier wird nicht argumentiert. Was die Figuren gerade bedrängt, kommt zum Ausdruck. Die Sprache ist Reflex auf die Situation. Die Figuren sind sich ihrer Lage nur z. T. bewusst.

Neben dem Dialog ist der **Monolog** eine Form sprachlicher Äußerung im Drama. Da laute Selbstgespräche im Alltag kaum vorkommen, müssen die Monologe auf der Bühne besonders motiviert werden. Sie dienen vor allem dazu, Einblicke in das Innenleben der Figuren zu geben und die redende Figur zu charakterisieren.

Der Monolog dient
- als *epischer Monolog* der Einbeziehung nicht darstellbarer Vorgänge,
- als *lyrischer Monolog* der Selbstoffenbarung der Gefühle einer Figur,
- als *Konfliktmonolog* dem Entscheidungsringen des Helden mit sich selbst. Innere Beweggründe werden als innerer Dialog in Für und Wider dargelegt.

1. Beispiel eines Monologs: Goethe, *Iphigenie auf Tauris*. 5. Aufzug, 2. Auftritt

THOAS: *allein*

Entsetzlich wechselt mir der Grimm im Busen:
Erst gegen sie, die ich so heilig hielt,
Dann gegen mich, der ich sie zum Verrat
Durch Nachsicht und durch Güte bildete.
Zur Sklaverei gewöhnt der Mensch sich gut
Und lernet leicht gehorchen, wenn man ihn
Der Freiheit ganz beraubt. Ja, wäre sie
In meiner Ahnherrn rohe Hand gefallen
Und hätte sie der heil'ge Grimm verschont:
Sie wäre froh gewesen, sich allein
Zu retten, hätte dankbar ihr Geschick
Erkannt und fremdes Blut vor dem Altar
Vergossen, hätte Pflicht genannt,
Was Not war. Nun lockt meine Güte
In ihrer Brust verwegnen Wunsch herauf.
Vergebens hofft ich, sie mir zu verbinden;
Sie sinnt sich nun ein eigen Schicksal aus.

Durch Schmeichelei gewann sie mir das Herz:
Nun widersteh ich der, so sucht sie sich
Den Weg durch List und Trug, und meine Güte
Scheint ihr ein alt verjährtes Eigentum.

J.W. v. Goethe, Iphigenie auf Tauris. S.436

In diesem Monolog stellt Thoas seinen inneren Konflikt dar, bringt seine Sichtweise der Situation zum Ausdruck.

2. Beispiel eines Monologs: Büchner, *Woyzeck*

Freies Feld

WOYZECK: Immer zu! immer zu! Still Musik! *(Reckt sich gegen den Boden.)* Ha was, was sagt ihr? Lauter, lauter, - stich, stich die Zickwolfin tot? Soll ich? Muss ich? Hör ich's da auch, sagt's der Wind auch? Her ich's immer, immer zu, stich tot, tot.

Büchner, Woyzeck. S. 172

In diesem Monolog wird nicht rational argumentiert. Woyzeck ist nicht Herr seiner selbst. Gerade in der Einsamkeit haben *Stimmen* über ihn Macht.

Stände der Monolog von Woyzeck in einem klassischen Theaterstück, dann könnte er etwa folgendermaßen lauten:

WOYZECK: Wärs möglich? Könnt ich nicht mehr, wie ich wollte?
Nicht mehr zurück, wie mirs beliebt? Ich müsste
Die Tat vollbringen, weil ich sie gedacht,
Nicht die Versuchung von mir wies - das Herz
Genährt mit diesem Traum, auf ungewisse
Erfüllung hin die Mittel mir gespart,
Die Wege bloß mir offen hab gehalten? -
Beim großen Gott des Himmels! Es war nicht
Mein Ernst, beschlossne Sache war es nie.

Woyzeck hätte vor seiner Tat noch einmal innegehalten, Abstand zu den Zwängen seines Handelns gesucht und nicht die *Stimmen* allein für sein Handeln verantwortlich gemacht.

Eine besondere Form ist der **beiseite (= a part) gesprochene Monolog**. Er dient entweder der Selbstverständigung einer Figur oder ist eine besondere Form der Publikumsansprache (z. B. in der Komödie).

1.4 Handlung

Wie in der Epik versteht man auch in der Dramatik unter dem **Stoff** eines Stückes das (Roh-)Material, das der Autor in seinem Stück bearbeitet. Mit **Thema** bezeichnet man den Grundgedanken oder die Leitidee, die ein Autor in dem Stoff erkennt und zum Zentrum seines Stückes macht. Er erfindet nun eine Geschichte (story), die er in ein **Handlungsschema** (plot) umsetzt. Dazu gehören vier Elemente: Es müssen eine oder mehrere Figuren in ihr auftreten; sie muss eine zeitliche Erstreckung haben, also irgendwann beginnen und auch einmal enden; die Handlung muss sich auf einen Konflikt konzentrieren lassen und schließlich muss sie einen oder mehrere Schauplätze haben, also irgendwo stattfinden.

Die Dramenhandlung wird sich aber nur selten an die zeitliche Abfolge der Ereignisse halten. Um aus einer Geschichte eine Dramenhandlung zu machen, benötigt der Autor ein kompositorisches Prinzip, d.h. einen Grundgedanken für die szenische Darstellung der Geschichte.

Dazu sind Vorentscheidungen nötig:
- offene oder geschlossene Form (s.u.)
- analytisches oder zielorientiertes Drama (s.u.)

Anfang: Kleist hat sich z. B. in seiner Komödie *Der zerbrochene Krug* für die analytische Form entschieden, d.h. dafür, mit dem Ende (Gerichtsverhandlung) anzufangen und die Vorgeschichte nach und nach zu enthüllen.

Die Unterscheidung von Geschichte und Handlungsschema lässt sich folgendermaßen veranschaulichen:

Chrono-logische Abfolge des Ge-schehen s	Adam stellt Eve nach	Adam ver-schafft sich Zugang zu Eve (angeblich, um ein Attest aus-zufüllen)	Ruprecht kommt hinzu, prü-gelt Adam hinaus	Dabei geht der Krug zu Bruch	Marthe Rull kommt hinzu, Eva sagt nichts	Marthe will gegen Unbe-kannt klagen	Gerichts-verhand-lung
			story →				
Abfolge der Büh-nenhan dlung							Einsatzpunkt: plot

Schaubild: Hermes, *Abiturwissen Drama*

Während die Geschichte ihren Anfangspunkt dort hat, wo Adam sich in Eve verliebt und ihr nachzustellen beginnt, ist der Einsatzpunkt der Dramenhandlung erst kurz vor Beginn der Gerichtsverhandlung. Dieses Vorgehen ermöglicht die Konzentration der Handlung, auf die der Dramenautor angewiesen ist.

Schluss: Auffallend an Kleists Stück ist, dass zum Schluss über den Schadensersatzanspruch von Marthe Rull, um den es bei der Gerichtsverhandlung geht, gar nicht entschieden wird. Der Krug, der zentrales Requisit des Stückes war und dem Stück seinen Namen gab, spielt keine Rolle mehr.

Schon Aristoteles hat in seiner *Poetik* gefordert, dass die Dramenhandlung ein Ganzes sein soll: *Ganz ist, was Anfang, Mitte und Ende besitzt* (S.36). Auch wenn die Dramenhandlung heute selten noch – wie in der geschlossenen Form (s.u.) - ein Ganzes ist, bietet die Untersuchung dieser Dreiheit immer noch einen guten Zugang zur Analyse der Handlung: Jeder literarische Text hat als sprachliches Kunstwerk einen Anfang, eine Mitte und ein Ende.

Die besondere Bedeutung des Endes hat Peter von Matt in seinem Buch *Liebesverrat* noch einmal deutlich hervorgehoben: *Der Schluss ist der Jubel der Literatur* (S.25). Zu dieser Aussage kommt er, weil gerade der Schluss Leben und Literatur unterscheide und die Erwartung, dass etwas zum Ende kommt, einen großen Teil der Leselust ausmache.

Dabei unterscheidet er drei Formen, die er nach *Grundmöglichkeiten der menschlichen Sozialisation* benennt und die auf dem Grundkonflikt zwischen Individuum und Gesellschaft aufbauen:

a) HOCHZEIT: Umfassende Versöhnung des Einzelnen mit der allgemeinen Ordnung.
b) MORD: Die alte Ordnung wird beseitigt, eine neue Zeit beginnt. Oder: Der aufsässige Einzelne wird beseitigt, die alte Ordnung wird neu gefestigt.
c) WAHNSINN: Das Individuum erklärt den Konflikt mit der Gesellschaft für nicht mehr existent, indem es sich vorstellt, allein auf der Welt zu sein, außerhalb der Regeln zu stehen. Zu dieser Form gehört auch der Selbstmord.

1.5 Zeitstruktur

Wie im vorigen Abschnitt beschrieben wurde, unterscheiden sich Geschichte (story) und Dramenhandlung zumindest dadurch, dass im literarischen Text ein Nullpunkt, ein absoluter Anfang gesetzt werden muss.

Da die dramatische Handlung ein **Stück** aus einem größeren Handlungszusammenhang ist, muss dem Zuschauer die Möglichkeit gegeben werden, das Ganze zu überblicken, muss die Konzentration von Raum, Zeit und Handlung auch wieder aufgegeben werden. Dies ist möglich durch Rückblenden (z. B. als epischer Monolog), Vorausdeutungen (der Zuschauer weiß z. T. mehr als die handelnden Figuren), Einbeziehung von Parallelhandlungen (z. B. durch Botenberichte).

Formen zur Vergegenwärtigung der Vergangenheit sind:

Erinnerungen, Bericht des Heimkehrers, Berichte bei Gerichtsverhandlungen, epische Monologe, aktualisierte Vorgeschichte im Drama,

Botenbericht: Durch Boten werden dem Zuschauer zeitlich zurückliegende oder aus technischen Gründen auf der Bühne nicht darstellbare Ereignisse bekannt gemacht.

Beispiel:
Ein Hauptmann tritt auf

ODYSSEUS: Was bringst Du?
DIOMEDES: Botschaft?
HAUPTMANN: Euch die ödeste,
              Die euer Ohr noch je vernahm.
DIOMEDES: Wie?
ODYSSEUS: Rede!
HAUPTMANN: Achill - ist in der Amazonen Händen,
              Und Pergams Mauern fallen jetzt nicht um.
DIOMEDES: Ihr Götter, ihr olympischen!
ODYSSEUS: Unglücksbote!
ANTILOCHUS: Wann trug, wo, das Entsetzliche sich zu?
HAUPTMANN: ...
              Hier folgt der Botenbericht
                                   Kleist, *Penthiselea*. S.330

Die Einbeziehung von Parallelhandlungen geschieht z. B. durch

Mauerschau (=Teichoskopie): Ein auf einer Mauer (Turm, Hügel usw.) stehender Beobachter berichtet dem Zuschauer, als ob er von seinem Standpunkt aus den Vorgang sähe.

Beispiel:
Sie besteigen sämtlich einen Hügel.

DER PRINZ VON HOMBURG:	Wer ist es? Was?
HOHENZOLLERN:	Der Obrist Hennings, Arthur, Der sich in Wrangelns Rücken hat geschlichen!
GOLZ AUF DEM HÜGEL:	Seht, wie er furchtbar sich am Rhyn entfaltet...

Kleist, *Der Prinz von Homburg.* S.651

So wichtig auch die Vergegenwärtigung der Vergangenheit ist (denn aus ihr kann der Zuschauer Motive des Handelns der Figuren, Konflikte und Zwänge, in denen sie stehen, ableiten), entscheidend für den Verlauf des Dramas ist die Ausrichtung auf das Ende und damit auf die Zukunft. Denn dadurch wird Spannung erzeugt.

Die ERKENNTNISSPANNUNG konzentriert sich entweder auf das 'WAS' (Spannung auf den Ausgang, synthetisches Drama) oder auf das 'WIE' (Spannung auf den Gang, analytisches Drama).

1.6 Sprache im Drama

In Goethes *Iphigenie auf Tauris* sprechen die Figuren keine Umgangssprache, sondern eine allen gemeinsame gehobene Kunstsprache (Bühnensprache). Die Figuren werden dabei nicht durch ihre Sprache unterschieden.
Außerdem handelt es sich hier um eine gebundene Sprache (Jambus):

Thoas: *Entsetzlich wechselt mir der Grimm im Busen.* (s. S. 37)

Der **Blankvers** ($\cup - \cup - \cup - \cup - \cup - (\cup)$) ist ein ungereimter fünffüßiger Jambus. Am Ende kann eine unbetonte Silbe stehen. Lessing hat ihn von Shakespeare für seinen *Nathan der Weise* übernommen. Seitdem ist er **der** Vers der klassischen deutschen Dramen.
Der Blankvers wirkt wie rhythmische Prosa und eignet sich deshalb als Sprechvers für das Drama, vor allem auch, wenn er Zeilensprünge hat (Enjambement = der Satz läuft über das Zeilenende fort, s.u. Lyrik).
Auch Kleists *Penthiselea* ist in Blankversen geschrieben (s.S.40).

Dagegen findet man in Büchners *Woyzeck* eine Sprache, die der Alltagssprache angenähert ist. Sie ist ungebunden, Prosa, enthält Dialektanklänge, ist fragmentarisch und dient u.a. zur Kennzeichnung der Figur (s.S.36).

Neben dem dramatischen Dialog, der die Handlung vorantreibt, gibt es, wie bei den Monologen (s.S.37) erwähnt, auch epische und lyrische Sprache im Drama.

2 Struktur und Bauform des Dramas

Volker Klotz hat 1960 in seinem Buch *Geschlossene und offene Form im Drama* zwei gegensätzliche Grundtypen des Dramas unterschieden.

2.1 Die geschlossene Form / Das aristotelische Drama

Das Drama der geschlossenen Form kann mit der Formel *Ausschnitt als Ganzes* definiert werden. Wenige Figuren stehen sich gegenüber. Die Hauptfiguren sind von hohem Stand und sprechen die gleiche Sprache. Denken und Sprechen bilden eine Einheit. Es gibt Spieler und Gegenspieler. Die Haupthandlung ist der Höhepunkt einer bereits vor Beginn des Dramas einsetzenden Entwicklung und strebt zielstrebig und kontinuierlich auf den Schluss zu. Dialoge dienen der Herstellung und Aufrechterhaltung von Verständigung. Im Idealfall decken sich Spielzeit und gespielte Zeit. Es gibt kaum Ortswechsel. Die Sprache ist Bühnensprache, d.h. eine Sprache des ‚hohen Stils', und häufig Verssprache (z. B. Blankvers). Beispiele für die geschlossene Form sind *Iphigenie auf Tauris* von Goethe und *Maria Stuart* von Schiller.

Der Prototyp der geschlossenen Form ist das fünfaktige Drama, wie es bereits Horaz (65-8 v.Chr.) gefordert hat und wie es Gustav Freytag in seiner *Technik des Dramas* (1862) zum Vorbild der dramatischen Dichtung erklärt hat.

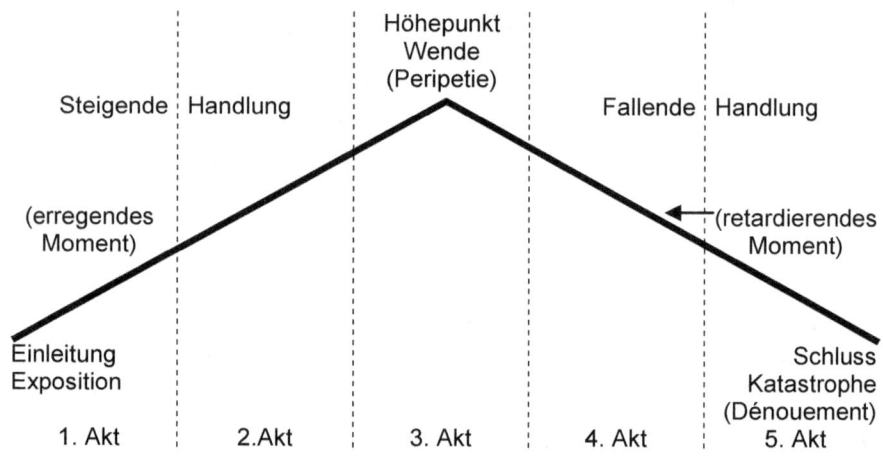

Erläuterungen

Exposition	Informationen über die Hintergründe und Voraussetzungen der dargestellten Handlung, Einführung von Raum, Zeit, Hauptfiguren und Konflikt.
Erregendes Moment	Wichtiges Ereignis oder bedeutsame Entscheidung des Helden, wodurch die Verwicklung in Gang gebracht wird.
Peripetie	Verkehrung der Situation in ihr Gegenteil am Höhepunkt. Manchmal unterscheidet man auch zwischen Klimax (Höhepunkt) und Peripetie (Wendepunkt).

Retardierendes Moment	Tragödie : Verzögerung des Untergangs des Helden
	Komödie: Verzögerung des glücklichen Ausgangs der Handlung
Katastrophe	Tragödie: Untergang des Helden als Lösung des Konflikts
Dénouement	Komödie : Auflösung der Missverständnisse und glückliches Ende.

Die geschlossene Form orientiert sich sehr stark am griechischen Theater. In seiner *Poetik* hat **Aristoteles** mit dem schon zitierten Satz *Ganz ist, was Anfang, Mitte und Ende besitzt* und seinen Erläuterungen dazu zum einen die Grundlagen für den klassischen dreiteiligen Aufbau (Exposition, Peripetie, Katastrophe) gelegt, zum anderen hat er den Begriff *Einheit der Handlung* eingeführt:

Unter **Einheit der Handlung** wird verstanden: Zusammenhang der Handlung (keine Episoden, keine Nebenhandlungen, Konzentration auf Haupthandlung). Als Formel dafür kann der Satz *Das Ganze im Ausschnitt* hilfreich sein.

Die Einheit des Raumes und der Zeit ergab sich aus der griechischen Aufführungspraxis. Theaterstücke wurden an religiösen Festen aufgeführt. Sie dauerten einen Tag (von Sonnenaufgang bis Sonnenuntergang) und hatten ein festes Bühnenbild (gemauerte Tempel-/Hausfassade).

Im französischen Klassizismus wurde auch für das westeuropäische Theater im geschlossenen Raum mit künstlicher Beleuchtung und variablen Kulissen die zusätzliche Forderung nach Einheit des Raumes und der Zeit aufgestellt (*Drei Einheiten*).

Nicht alle klassischen Dramen haben eine geschlossene Form. Gerade Goethes *Faust* passt in kein Schema, sondern enthält eine Fülle verschiedener Traditionen. Nur in *Faust 2* sind Merkmale der geschlossenen Form zu finden, auch wenn die Handlung hier nicht der aristotelischen Forderung nach *Nachahmung* einer wirklichen Handlung entspricht.

2.2 Die offene Form

Das Drama der **offenen Form** kann mit der Formel *Der Ausschnitt als Ganzes* definiert werden. An die Stelle eines zusammenhängenden Handlungsablaufs treten Bruchstücke bzw. Fragmente von Handlungen. Der Gegenspieler ist häufig nicht eine einzelne Figur, sondern die Gesellschaft. Dialoge und Monologe zeigen auch die Isolation des Einzelnen innerhalb einer als unmenschlich angesehen Welt. Die Figuren werden über die Sprache charakterisiert (z. B. Dialekte, Unfähigkeit zum Ausdruck von Gedanken). Beispiele für die offene Form sind: *Die Soldaten* von Lenz und *Woyzeck* von Büchner.

Dies Unterscheidung von geschlossener und offener Form ist allerdings sehr typisierend und trifft nur bei wenigen Theaterstücken voll zu.

2.3 Analytisches und synthetisches Drama

Wie schon in Abschnitt 1.4 deutlich gemacht wurde, hat ein Dramenautor verschiedene Möglichkeiten, von der Chronologie der Handlung abzuweichen, um eigene dramatische Akzente zu setzen.

Kleist hatte für sein Stück *Der zerbrochene Krug* die analytische Form gewählt, die die Handlung vom Ende her aufrollt. Das Modell für diese Form ist der *König Ödipus* von Sophokles. Aristoteles sah dieses Stück als mustergültig an und leitete aus ihm seine Normen für das Drama und die Tragödie ab.

Häufiger allerdings ist das synthetische Drama, bei dem sich die Handlung mehr oder weniger chronologisch auf der Bühne entwickelt.

ANALYTISCHES DRAMA
(Entdeckungs- oder Enthüllungsdrama)

Die Handlung des Dramas ist auf die Aufdeckung eines Ereignisses gerichtet, das bereits vor Beginn des Stückes geschehen ist. Erst am Ende des Dramas werden die in der Vergangenheit liegenden Ursachen voll erkannt oder erlitten.

Beispiele:
Sophokles, *König Ödipus*
Kleist, *Der zerbrochene Krug*
Ibsen, *Gespenster*

SYNTHETISCHES DRAMA
(Ziel-, Entscheidungs-, Konfliktdrama)

Das Stück beginnt mit einer kurzen Exposition (Einleitung), die Figuren, Raum, Zeit, Situation einführt und sich auf ein zukünftiges Geschehen richtet. Der Konflikt (erregendes Moment) folgt, dann Steigerung auf den Höhepunkt, Umschwung (Peripetie), verschiedene Stufen des Abstiegs bis zur Katastrophe.

Beispiele:
Schiller, *Maria Stuart*
Goethe, *Iphigenie auf Tauris*
Lessing, *Emilia Galotti*
Hauptmann, *Die Weber*

3 Komik und Tragik

Aus der Antike haben wir die Unterscheidung von **Tragödie** als Darstellung eines Konflikts, der den Helden in den Untergang führt, und **Komödie**, in der die Auseinandersetzung von menschlichen Schwächen ausgeht und versöhnlich endet, übernommen.

Tragödie und Komödie haben formale und inhaltliche Gemeinsamkeiten:
- Im Mittelpunkt steht ein dramatischer Konflikt, häufig zwischen einem Individuum und einer (Werte-)Ordnung, der meist mit Täuschung verbunden ist. Häufig täuscht sich die Hauptfigur über die Wirklichkeit und Wahrheit hinweg und täuscht sich gerade dann, wenn sie meint, ihrer gewiss und sicher zu sein.
- Der Zuschauer weiß mehr als die Figuren.
- Tragödie und Komödie bestehen im Groben aus drei Teilen: Anfang der Täuschung, Höhepunkt der Täuschung bzw. Verwirrung, Auflösung der Täuschung am Schluss. Greift man die Begrifflichkeit von Peter von Matt in seinem Buch *Liebesverrat* von S.40 auf, so kann man in gewissem Sinne sagen, dass in beiden Dramenformen am Schluss eine *Hochzeit* stattfindet. In

der Komödie werden die Versöhnung und die Aufdeckung der Täuschungen häufig in Form einer (wirklichen) Hochzeit oder eines Festes gefeiert. In der Tragödie findet zwar ein symbolischer Mord statt (Verstoßung des Helden aus seiner Heimat, Entlassung aus allen Ämtern usw.), andererseits bleibt der Held in der Regel am Leben und erhält einen Erkenntniszuwachs, der ihn seine Schuld erkennen und büßen lässt (Hochzeit als Metapher).

Andererseits unterscheiden sie sich in wesentlichen Punkten:
- In der Tragödie ist die Täuschung bzw. Verblendung auch für den Zuschauer von Anfang an so angelegt, dass sie zu Entscheidungen führt, die nicht mehr rückgängig gemacht werden können. Sie enthält die Voraussetzung der Katastrophe in sich. Dagegen wird im Fall der Komödie der Spiel- und Scheincharakter der Täuschung von Anfang an bemerkbar gemacht, z. B. durch die Situation, Mimik, Gestik, Dialog oder Monolog. Das heißt mit anderen Worten: In Komödie und Lustspiel wird von Anfang an mehr Wert auf die Effekte des Spiels gelegt als auf deren Resultate.
- In der Tragödie weiß der Zuschauer häufig mehr als die Figuren, nämlich dass ihr Schicksal auswegloser ist, als sie denken. In der Komödie weiß der Zuschauer um den guten Ausgang. Deshalb kann er über Situationen und Verhaltensweisen der Figuren lachen, die für sie schmerzhaft sind.
- Die Tragödie endet damit, dass der Konflikt zwischen dem Einzelnen und der (sittlichen) Ordnung unlösbar ist. Der Held verliert oder geht unter. Die Komödie endet mit einem Happy End, in der Enthüllung wird gezeigt, dass der Konflikt ein Scheinkonflikt war (Missverständnis, Verwechslung) oder vereinbar mit der herrschenden Ordnung ist. Die Komödie ist also eine Bewegung von der Illusion zur Realität. Am Beginn steht eine Täuschung, ein Irrtum. Die Bewegung in der Komödie ist die Ent-Täuschung, die Befreiung vom Irrtum.
- Während sich die gesellschaftliche Werteordnung in der Tragödie gegenüber dem Individuum als mächtiger erweist, ist die Komödie die Bewegung von einer Art Gesellschaft zu einer anderen (Northop Frye). Eine alte Gesellschaft, deren Bestand durch Verhinderer verteidigt wird, wird durch Erneuerer in Frage gestellt. Zu Beginn des Stückes dominieren die Verhinderer, am Ende kristallisiert sich um den Helden bzw. die Heldin eine neue Gesellschaft, die durch ein festliches Ritual (z. B. Hochzeit) oder Gelage gefeiert wird.
- In der Dichtungstheorie wurde in Anlehnung an das griechische Theater zur Zeit der Renaissance und des Barock als sog. **Ständeklausel** die Forderung aufgestellt, dass in der Tragödie nur die Schicksale von Königen, Fürsten und anderen hohen Standespersonen dargestellt werden dürften, während in der Komödie nur Figuren niederer, d.h. bürgerlicher Herkunft in ihren Schwächen lächerlich gemacht werden durften. Ihnen fehlte nach damaliger Auffassung die Voraussetzung für die Tragödie (Fallhöhe). Erst in der Aufklärung wurde diese Forderung aufgehoben.

3.1 Die Tragödie

Die **Tragödie** (gr. Bocksgesang, entweder *Gesang der Böcke* mit tragischen Chören in Bocksmasken oder *Gesang um den Bock* als Preis oder Opfer) ging wahrscheinlich aus dem Dithyrambus hervor, einem lyrischen Chorlied zu Ehren von Dionysos, dem Gott des Weines, des Rausches und der Ekstase. Dieser Gesang diente der Sinndeutung des Opfers. Im 6. Jahrhundert v. Chr. ersetzten Stoffe aus der Heldensage die Darstellung der Taten und Leiden des Gottes Dionysos. Dem Chor wurde zunächst ein einzelner Sprecher als Antworter gegenübergestellt, dann bei Aischylos ein zweiter und bei Sophokles ein dritter Schauspieler. Die Partien des Sprechers bzw. Schauspielers nahmen an Umfang gegenüber dem Chor immer mehr zu.

Die Geschichte der europäischen Tragödie ist geprägt durch eine fortwährende Auseinandersetzung mit der *Poetik* von Aristoteles. Deshalb soll auch hier von der immer wieder zitierten Definition (Kap. 6, 1 449b) ausgegangen werden:

Es ist also die Tragödie die nachahmende Darstellung (Mimesis) einer ernsten und in sich abgeschlossenen Handlung, die eine gewisse Größe hat, in kunstvollem Stil, der in den einzelnen Teilen sich deren besonderer Art anpasst, einer Handlung, die nicht bloß erzählt, sondern durch handelnde Figuren vor Augen gestellt wird und die durch Schauder (Phóbos) und Jammer (Éleos) erregende Vorgänge die Auslösung (Katharsis) dieser und ähnlicher Gemütsbewegungen bewirkt.

Die Deutung dieses Satzes ist auch heute noch umstritten. Opitz (im Barock) verstand Katharsis als ethische Abschreckung oder Erziehung zu stoischer Haltung, Corneille und der französische Klassizismus als Reinigung der Leidenschaften im Zuschauer durch Schrecken, Lessing (*Hamburgische Dramaturgie* 74-83. Stück) in moralischem Sinn als Umwandlung von Mitleid (mit den Leiden des Helden) und Furcht (für uns selbst, im Gegensatz zum Schrecken) in tugendhafte Fertigkeiten, Herder (*Adrastea* 4) als eine heilige Vollendung, mystische Sühnung des Menschen; Goethe (*Nachlese zu Aristoteles' Poetik*) bezieht Katharsis nicht auf die Zuschauer, sondern auf das Drama und schreibt ihr eine ästhetische Abrundung des Kunstwerks zu. Jakob Bernays (*Grundzüge der verlorenen Abhandlung des Aristoteles über die Wirkung der Tragödie*, 1858) fasst sie psychologisch-materialistisch als erleichternde Entladung von Gemütsaffekten im Zuschauer. Neuere Deutungsversuche lassen allgemein die Läuterung der Seele von Affekten zu einem klaren, vernunftgeleiteten Leben durch Verstummen der Ich-Gefühle vor dem tragischen Bühnenvorgang und Einsicht in das teleologische (= zielgerichtete) Gefüge des Kosmos gelten.

Heute weiß man, dass Phóbos, Éleos und Katharsis Begriffe aus der Medizin zur Zeit von Aristoteles sind. **Katharsis** bedeutet z. B. die mit einer elementaren Lustempfindung verbundene Befreiung und Erleichterung beim Ausscheiden von störenden Stoffen oder Erregungen aus dem Organismus oder der Seele.

Phóbos bedeutet bei Aristoteles das Entsetzen, das den Zuschauer angesichts der schrecklichen Ereignisse des antiken Mythos packt. Unter **éleos** versteht er die Stimmung, die das Anschauen des unverdienten Leidens eines Menschen verursacht, wobei der Zuschauer sich vergegenwärtigt, dass auch ihn jederzeit ein solches Schicksal treffen könnte.

Die Wirkung der Tragödie zielt vor diesem Hintergrund weniger auf moralische Besserung, sondern auf Freude und Lust als Bestandteile einer Kunstart.

Man könnte die Tragödiendefinition von Aristoteles auch folgendermaßen formulieren:

Die Tragödie stellt ein tragisches Geschehen dar, das durch ein Fehlverhalten (Hamartia) des Helden zuerst Schauder (Phóbos) und nach dem Wendepunkt (Peripetie) Jammer (Éleos) weckt angesichts einer Katastrophe,

deren Zusammenhänge der Held vor dem Tode durchschaut (Anagnorisis), was im Zuschauer emotionale Entlastung (Katharsis) bewirkt. Die kathartische Wirkung beruht auf der Fähigkeit des Menschen, angesichts vorgetäuschter Wirklichkeit die gleichen Emotionen zu erleben wie angesichts der Wirklichkeit selber.

In der Tragödie wird ein unabwendbarer Konflikt eines Individuums mit dem Schicksal oder einer Wertordnung dargestellt, der meist zum Unterliegen oder zum Untergang des Helden führt. Gottsched übernahm aus der Tragödientheorie der Renaissance den Begriff der **Fallhöhe**, dem die These zugrunde liegt, der tragische Fall eines Helden wirke umso nachhaltiger auf die Zuschauer, je höher dessen sozialer Rang und Ansehen seien. Die Forderung nach strikter Beachtung der angemessenen Fallhöhe begründet auch die sog. **Ständeklausel** (s.S.45).

Man unterscheidet **Schicksalstragödien**, in denen das Leid von außen über den Helden kommt (Sophokles, *Ödipus*), und **Charaktertragödien**, in denen das Leid im Charakter des Helden begründet liegt (Shakespeare, *King Lear*).

Seit dem 18. Jahrhundert wird in Deutschland auch der Begriff **Bürgerliches Trauerspiel** für *Tragödie* gebraucht. *Bürgerlich* wird das Trauerspiel deshalb genannt, weil mit Lessing die sog. *Ständeklausel* fiel, in der nur dem Adel Schicksalsfähigkeit und damit die Fähigkeit, Held in einer Tragödie zu sein, zugesprochen wurde.
Beispiele:
Lessing, *Emilia Galotti*; Goethe, *Faust*; Schiller, *Die Verschwörung des Fiesco zu Genua*.

3.2 Die Komödie

Der Begriff Komödie kommt von dem griechischen Wort komodìa, das *Gesang bei einem frohen Gelage* bedeutet. Die Komödie entstand aus dem Zusammenwirken verbaler Komik mit Pantomime und Tanz.

In der Komödie steht – wie in der Tragödie – im Mittelpunkt der Handlung ein Konflikt (z. B. Fragwürdigkeit der menschlichen Existenz, Missverhältnis zwischen Sein und Schein). Der Zuschauer weiß aber von Anfang an mehr als die Figuren, sieht den Konflikt als weniger existentiell an und hat bei aller Dramatik immer die Erwartung auf ein Happy End. Hohe Ideale werden als hohl erkannt, das Scheitern der Figuren wird auf menschliche Schwäche und Torheit zurückgeführt. Im Lachen befreit sich der Zuschauer von den dargestellten Ungeheuerlichkeiten und stellt sich über die Ereignisse.

Worüber die Zuschauer im Einzelnen lachen, versuchen folgende Thesen zu erklären:

- Lachen ist *die Auflösung einer gespannten Erwartung in nichts.* (I. Kant). Nach dieser kurzen Definition gibt es zwei notwendige Voraussetzungen für das Lachen: Es muss eine gespannte Erwartung erzeugt werden. Die Auflösung muss so erfolgen, dass weder Schmerz noch Erkenntnis zurückbleiben.
- Lachen ist immer verbunden mit Tabuverletzungen (Joachim Ritter). Durch Ernst und Vernunft werden einige Vorgänge des Lebens als nichtige aus dem öffentlichen Leben und damit auch aus der Sprache ausgegrenzt. Da sie a-

ber nicht aus dem Leben selbst ausgeschlossen werden können, sondern in den Vorstellungen weiter existieren, können sie durch Anspielungen und Doppeldeutigkeiten herbeigerufen werden.
Beispiele für die Komödie:
Lessing, *Minna von Barnhelm*; Kleist, *Amphitryon*

4 Weitere Formen des Dramas

Neben den klassischen Formen (geschlossene Form / aristotelisches Theater und offene Form, analytisches und synthetisches Drama) können im Theater der Gegenwart noch folgende Formen unterschieden werden:

4.1 Episches Theater   *Glotzt nicht so romantisch!*

Bertolt Brecht (1898-1956) kritisierte das von ihm z. T. falsch verstandene klassische, aristotelische Theater scharf, weil es den Zuschauer *hypnotisiere*, ihm die Illusion eines realen Geschehens gebe (*Illusionstheater*), ihn aus seiner realen Welt in die Welt der Kunst *entführe*. Das bisherige Theater habe versucht, *ihn besoffen zu machen, ihn mit Illusionen auszustatten, ihn die Welt vergessen zu machen, ihn mit seinem Schicksal auszusöhnen* (Brecht, *Über experimentelles Theater*. S. 303).
Der Zuschauer des dramatischen Theaters sagt: Ja, das habe ich auch schon gefühlt - so bin ich. - Das ist nur natürlich. - Das wird immer so sein. - Das Leid dieses Menschen erschüttert mich, weil es keinen Ausweg für ihn gibt - Das ist große Kunst: da ist alles selbstverständlich. - Ich weine mit den Weinenden, ich lache mit den Lachenden.   Brecht, *Das epische Theater*. S.265

Dagegen stellt Brecht sein Konzept des *epischen Thea*ters, mit dem er die *Einfühlung* des Zuschauers in die handelnden Figuren verhindern will. Er übernimmt viele Merkmale der offenen Form (Handlungsstruktur, Selbstständigkeit der Teile). Darüber hinaus verwendet er erzählerische Mittel: Szenenüberschriften und Einleitungstexte, Unterbrechung der Handlung durch Songs, Publikumsanreden. Außerdem wird die Verfremdung durch das Spiel verstärkt: Die Schauspieler gehen nicht in ihren Rollen auf, sondern behalten Distanz, stellen sie zur Diskussion.

Der Zuschauer des epischen Theaters sagt: Das hätte ich nicht gedacht - so darf man es nicht machen. - Das ist höchst auffällig, fast nicht zu glauben. - Das muss aufhören. - Das Leid dieses Menschen erschüttert mich, weil es doch einen Ausweg für ihn gäbe. - Das ist große Kunst: da ist nichts selbstverständlich. - Ich lache über den Weinenden, ich weine über den Lachenden.
                    Brecht, *Das epische Theater*. S.265

An die Stelle von Furcht vor dem Schicksal und Mitleid bei Aristoteles treten Wissbegierde und Hilfsbereitschaft.

Beispiel: Bertolt Brecht, *Der kaukasische Kreidekreis* (1944/45)

Die Geschichte vom Kreidekreis wird als Parabel einem Publikum auf der Bühne vorgetragen, das sich um die Nutzung eines Tales streitet.

Während politischer Unruhen flieht die Gouverneursfrau, ohne sich um ihr Kind zu kümmern. Die Magd Grusche zieht das Kind als ihr eigenes auf. Als die politischen Verhältnisse sich ändern, verlangt die Gouverneursfrau das Kind, um an sein Erbe heranzukommen, während Grusche es weiterhin als ihr eigenes behauptet. Den Streit schlichten soll der Richter Azdak.

AZDAK: (...) *Winkt Grusche zu sich und beugt sich zu ihr, nicht unfreundlich:*
Ich hab gesehen, dass du was für Gerechtigkeit übrig hast. Ich glaub dir nicht, dass es dein Kind ist, aber wenn es deines wär, Frau, würdest du da nicht wollen, es soll reich sein? Da müsstest du doch nur sagen, es ist nicht deins. Und sogleich hätt es einen Palast und hätte die vielen Pferde an seiner Krippe und die vielen Bettler an seiner Schwelle, die vielen Soldaten in seinem Dienst und die vielen Bittsteller in seinem Hofe, nicht? Was antwortest du mir da? Willst du's nicht reich haben?

GRUSCHE: *schweigt*

DER SÄNGER: Hört nun, was die Zornige dachte, nicht sagte.

singt: Ginge es in goldnen Schuhn
Träte es mir auf die Schwachen
Und es müsste Böses tun
Und könnte mir lachen.

Ach, zum Tragen, spät und frühe
Ist es schwer ein Herz aus Stein
Denn es macht zu große Mühe
Mächtig tun und böse sein.

Wird es müssen den Hunger fürchten
Aber die Hungrigen nicht.
Wird es müssen die Finsternis fürchten
Aber nicht das Licht.

AZDAK: Ich glaub, ich versteh dich, Frau.

GRUSCHE: Ich geb's nicht mehr her. Ich hab's aufgezogen, und es kennt mich.

Bertolt Brecht, *Der kaukasische Kreidekreis*. S.2101/02

Songs sind, wie Brecht es einmal ausdrückte, *kalte Güsse für die Einfühlenden.* Der Sänger spricht das aus, was Grusche in dieser Form gar nicht aussprechen kann. Er objektiviert ihre Gedanken und erzeugt beim Zuschauer dadurch Distanz zur Bühnenfigur. Im Anschluss an den Song geht die Handlung weiter, als ob es ihn nicht gegeben hätte.

Beispiele für episches Theater: Bertolt Brecht: *Der kaukasische Kreidekreis, Der gute Mensch von Sezuan.*

4.2 Absurdes Theater

Absurd bedeutet ursprünglich *disharmonisch* in der Musik. Darüber hinaus bedeutet es: ungereimt, unvernünftig, sinnwidrig.

Absurd ist etwas, das ohne Ziel ist ... Wird der Mensch losgelöst von seinen religiösen, metaphysischen oder transzendentalen Wurzeln, so ist er verloren, all sein Tun wird sinnlos, absurd, unnütz, erstickt im Keim. (Ionesco).

Das absurde Theater stellt die Sinnlosigkeit oder Widersinnigkeit des menschlichen Lebens auf die Bühne. Während bei Sartre und Camus das Absurde in der Darstellung der Realität selbst zum Ausdruck kommt, handeln bei Beckett die Spieler wie Clowns oder Marionetten ohne Willen und Ziel. Ihre Sprache dient nicht mehr der Mitteilung, sondern besteht aus Klischees und Montagen. Das absurde Theater deckt die Einsamkeit und Beziehungslosigkeit des modernen Menschen auf und lässt die Angst angesichts der Sinnlosigkeit des Daseins spüren.

Beispiel: Samuel Beckett, *Warten auf Godot*

Das Warten auf Godot ist das einzige, was dem Leben der von Estragon und Wladimir einen Sinn gibt. Er kommt aber nicht, und auch die Tatsache, dass sie warten, wird immer wieder vergessen.

ESTRAGON: Komm, wir gehen.
WLADIMIR: Wir können nicht.
ESTRAGON: Warum nicht?
WLADIMIR: Wir warten auf Godot.
ESTRAGON: Ach ja.   Samuel Beckett, *Warten auf Godot*. S. 175

Weitere Beispiele: Eugene Ionesco, *Die kahle Sängerin, Die Stühle*.

5 Fragen zum Erschließen dramatischer Texte

1. ERSTER EINDRUCK

(1) Um was geht es in der Szene?
(2) Welchen Eindruck haben Sie von den Figuren und ihrer Beziehung?
(3) Formulieren Sie eine erste Interpretationsthese.

2. INHALT

(4) Was ist das Thema der sprachlichen Äußerungen?
(5) Hat die Sprache in der Szene überragende Bedeutung, oder ist die außersprachliche Handlung (z. B. Regieanweisungen) für das Verständnis des Gesprächs notwendig?
(6) Gibt es in den Äußerungen der Figuren Hinweise darauf, dass etwas anderes gemeint als gesagt wird?

3. FORM UND SPRACHE

Suchen Sie aus den folgenden Fragen diejenigen heraus, die für den Text von Bedeutung sind.
Zur Verdeutlichung zielen viele Frage auf extreme Gegensätze, die in der Regel so nicht vorliegen.

(7) Wie sind die Gesprächsanteile auf die einzelnen Figuren verteilt?
(8) Übernimmt eine Figur die Initiative? Warum?
(9) Erscheint eine Figur als überlegen aufgrund gesellschaftlicher Rollenverteilung (z. B. Richter-Angeklagter), der Situation, ihrer Sprache oder ihres Gesprächsverhaltens? Oder gehören die Figuren einem Stand mit vergleichbarer Sprache an?
(10) Kann man das Gespräch einem bestimmten Typ zuordnen, z. B. Interview, Verhör, Beratung, Erörterung?
(11) Gibt es unübliche oder unerwartete Reaktionen (z. B. Fragen, Verstummen, Missverständnis)?
(12) Gehen die Dialogpartner aufeinander ein (inhaltlich, emotional), oder ist der Zusammenhang gering?
(13) Sprechen die Figuren eher zielgerichtet, informativ, oder scheitern sie bei ihrer sprachlichen Verständigung?
(14) Was erfährt man aus den Äußerungen über die Sprecher (Wie stellen sie sich dar?) und ihre Beziehung (Wie sieht der eine den anderen?)?
(15) Erheben Aussagen Anspruch auf Allgemeingültigkeit? Verbirgt sich dahinter die Meinung des Autors?
(16) Wird etwas erzählt (episches Element), oder werden Reflexionen und Stimmungen ausgedrückt (lyrisches Element)?
(17) Ist der Dialog in gebundener Sprache geschrieben (z. B. Blankvers) oder in Prosa? Welche Funktion hat das?

4. FRAGEN ZUM GANZEN STÜCK

(18) Ist die Handlung einheitlich, oder besteht sie aus verschiedenen Elementen und Strängen?
(19) Läuft die Zeit kontinuierlich ab, oder gibt es Unterbrechungen, Sprünge, Parallelhandlungen?
(20) Ist der Raum einheitlich, oder gibt es viele Räume und mitspielende Gegenstände?
(21) Ist das Drama in Akte und Auftritte eingeteilt? Entspricht sein Aufbau dem aristotelischen Modell? Wirken die einzelnen Szenen geschlossen (z. B. durch ein Gesprächsresultat)? Oder scheint das Stück aus gleichwertigen Bildern zu bestehen?
(22) Wird so getan, als sei die dargestellte Welt wirklich (Soll der Zuschauer sich identifizieren?), oder gibt es distanzierende Mittel (Publikumsansprache, Songs, Bühnengestaltung)?

Formulieren Sie, nach Beantwortung dieser Fragen, eine oder mehrere Interpretationsthesen, und begründen Sie sie mit Inhalt und Form der Szene.

6 Beispiel eines dramatischen Textes

Karl Valentin (1882-1948): *Das Feuerwerk*

LIESL KARLSTADT:	Ja, Sie, wann is denn des Feuerwerk?
DER WIRT:	Jetzt na, wenns finster wird.
LIESL KARLSTADT:	Jetzt is aber no lang net finster.
DER WIRT:	Darum wirds aa jetzt no net abbrennt.
KARL VALENTIN:	Wenns aber heut net finster wird?
DER WIRT:	Des is mir wurscht, ob's finster wird oder net, abbrennt wird's auf alle Fälle.
KARL VALENTIN:	Na kannst's aa jetzt abbrenna, jetzt is ja no net finster.
DER WIRT:	Jetzt is do no hell, dunkler muss es auf alle Fälle werden.
LIESL KARLSTADT:	Ja, Sie... was taten S' denn da, wenns heut ausnahmsweis net finster werden tat?
DER WIRT:	Geh reden S' doch net so saudumm daher, finster werds do alle Tag auf d' Nacht.
KARL VALENTIN:	Wenn's alle Tage finster werd, dann kannt ma ja alle Tag a Feuerwerk abbrennen.
DER WIRT:	Freili kannt ma das, aber wenn ma alle Tag a Feuerwerk abbrenna tat, dann is ja a Feuerwerk was ganz Alltäglichs - das hätt' ja gar kein Sinn.
KARL VALENTIN:	Na hätt ja des aa kein Sinn, wenn's alle Tag dunkel werd.
DER WIRT:	Des hat eben schon an Sinn, denn wenn's auf der Welt gar niemals mehr dunkel werden tat, dann könnt ma gar nia a Feuerwerk abbrenna.
KARL VALENTIN:	Warum net? Es hoaßt doch „Alles kann man, wenn man will"!
DER WIRT:	Natürlich kann man .... jetzt woaß i nimmer, was i sag'n soll

Karl Valentin, *Gesammelte Werke*. S.318 f.

BEMERKUNGEN ZUR ANALYSE UND INTERPRETATION

1. In der vorangegangenen Szene treten drei Figuren auf.
Zwei werden mit ihren Privatnamen bezeichnet: Liesl Karlstadt und Karl Valentin. Sie sind Autoren, Figuren und Darsteller in einer Person. Aber sie haben hier kein persönliches Profil. Sie werden als Individuen benannt, aber die Namen sind beliebig.
Von der dritten Figur erfährt man nur die Funktion: *Wirt*. Dadurch wird zum einen deutlich, dass das Gespräch in der Öffentlichkeit stattfindet, zum anderen wird der Konflikt der Szene zu einem Konflikt zwischen zwei Individuen und einer anonymen Funktion. Der gesunde Menschenverstand des Wirts erhält dadurch einen allgemeinen, repräsentativen Charakter.

2. Es gibt keine Regieanweisungen, keine außersprachliche Handlung. Der Konflikt findet nur auf der sprachlichen Ebene statt und liegt nur in der Sprache begründet. Die Aufführung dieser Szene eröffnet keinen tieferen Sinn, sie kann nur die Lebendigkeit und Komik verstärken.

3. Die Gesprächsrollen:
Liesl Karlstadt eröffnet die Szene. Sie bringt mit ihrer praktischen Frage *Wann ist das Feuerwerk?* den Stein ins Rollen. Den Rest, die theoretische Diskussion, machen die Herrn unter sich aus. Das einzige, was sie später sagt (*Ja, Sie ...*) ist eine Wiederholung dessen, was Valentin vorher gesagt hat.
Karl Valentin steigt erst in das Gespräch ein, als der Wirt ihm mit seiner unpräzisen Auskunft *Jetzt na, wenns finster wird* die Möglichkeit zur Provokation gibt: *Wenns aber heut net finster wird?* Valentin verhält sich nicht so, wie es in Alltagsgesprächen erwartet wird: Über die Unzulänglichkeiten der Kommunikation geht man höflich und glättend hinweg. Er opponiert gegen diese Konvention. Er gibt sich einen naiven Anstrich, begibt sich scheinbar auf die Ebene des Geplänkels, verfolgt aber dabei die Strategie, den anderen anhand von banalen Themen der mangelnden Flexibilität der Gedanken und damit eingeschlossen des Handelns, also des Mitläufertums, zu überführen.
Der Wirt reagiert nur, zunächst auf Liesl Karstadt, dann auf Valentin. Er versucht den Provokationen zu entgehen und verstrickt sich dadurch immer mehr.

4. Es gibt keinen realen Konflikt, Inhalt, der in dem Gespräch ausgetragen wird. Der Konflikt liegt in dem Gespräch und den Konventionen, die damit verbunden sind. Jeder Satz wird für sich genommen, aus dem Zusammenhang gerissen, der Anlass des Gesprächs spielt keine Rolle mehr.

5. Im Mittelpunkt des Gesprächs steht der Zusammenhang zwischen dem besonderen, von Menschen inszenierten Ereignis des Feuerwerks und dem Naturvorgang des Wechsels von Tag und Nacht. Der Wirt hat den Zusammenhang von beidem so verinnerlicht, dass er das Feuerwerk selbst als gottgegeben ansieht (*abbrennt wird's auf alle Fälle*). Valentin überspitzt dieses Schicksalhafte (*Wenn's alle Tage finster werd, dann kannt ma ja alle Tage a Feuerwerk abbrennen.*) und macht dadurch das Besondere zum Banalen. Der Wirt erklärt daraufhin den Naturvorgang selbst zum Besonderen, indem er ihn in direkten Zusammenhang mit dem Feuerwerk bringt (*Denn wenn's auf der Welt gar niemals dunkel werden tat, dann könnt ma gar nia a Feuerwerk abbrenna*). Die logische Konsequenz ist für Valentin, den Naturvorgang selbst als dem Willen unterworfen hinzustellen (*Alles kann man, wenn man will*). Indem Valentin dies als Spruchweisheit, Konvention formuliert, hat er den Wirt in die Enge getrieben. Er muss als Mensch, der in Konventionen denkt, diesem Satz zustimmen, zum anderen hat er durch seine vorangegangenen Sätze ja gezeigt, wie schicksalhaft er Menschenwerk wahrnimmt. Er sieht die Möglichkeiten nicht, verstummt.

6. Interpretiert man die Szene politisch, so entlarvt Valentin in der Figur des Wirts den Menschen, dessen Denken in Konventionen befangen ist, den Mitläufer. Er kritisiert den Wirt nicht direkt, sondern treibt ihn so in die Enge, dass er sich vor dem Zuschauer selbst überführt.

7. Die Komik der Szene ist hinterhältig. Man kann über sie lachen, ohne sich Gedanken über den tieferen Sinn zu machen. Die Volkstümlichkeit (Figuren, Dialekt, Banalität der Themen) und der gesunde Menschenverstand des Wirts treffen den Zuschauer. Zum anderen ist die Identifikation mit Valentin nahegelegt, der mit seinen Wortspielereien und seinem scheinbaren Unsinn beeindruckt. Er ist aber auch der Stärkere, da er eine Strategie verfolgt und den Wirt hereinlegt.

Der Zuschauer entlastet sich durch sein Lachen von der Betroffenheit über seine eigene Entlarvung.

Es gibt keine Tatsachen, es gibt nur Interpretationen.　　　　Friedrich Nietzsche

Die Lektüre ist ein anarchischer Akt.
Die Interpretation, besonders die einzig richtige, ist dazu da, diesen Akt zu verei-
teln.　　　　Hans Magnus Enzensberger

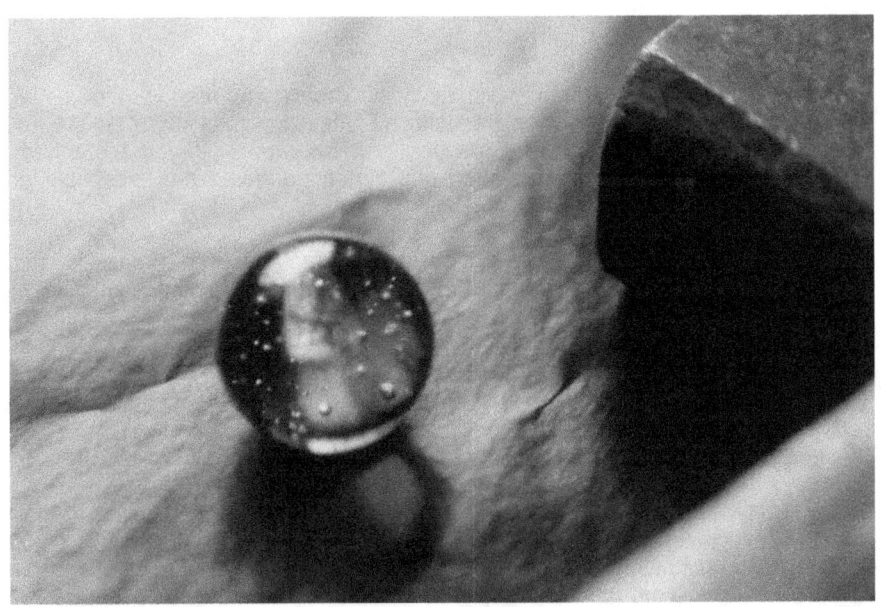

LYRIK

Sie ist das punktuelle Zünden der Welt im Subjekte.
F.T. Vischer (1853)

Lyra, griech.: Leier
Lyrik, griech.: zur Leier vorgetragene Gesänge

Epik und Dramatik unterscheiden sich hauptsächlich dadurch, dass es in der ersten einen Erzähler und in der zweiten handelnde Figuren gibt. Gemeinsam ist beiden Gattungen, dass sie eine fiktionale Welt erzeugen: einmal im Kopf des Lesers, das andere Mal als erlebbare Welt auf der Bühne.
Die Lyrik unterscheidet sich grundsätzlich von diesen beiden mimetischen Gattungen (Mimesis, griech.: Abbildung): Hier wird keine fiktionale Welt erzeugt und keine Zeit gestaltet, ein lyrisches Ich spricht sich aus über seine Gedanken, Eindrücke und Empfindungen. Es stellt einen Sinnzusammenhang her und macht dadurch Aussagen über die Wirklichkeit. Lyrik macht häufiger als die anderen Dichtungsarten Sprache zum Thema.
Eine Ausnahme bildet dabei die Ballade, die eher der Epik und Dramatik zuzurechnen ist. Auf sie wird am Schluss dieses Kapitels eingegangen.

1 Merkmale der Lyrik

Neben der bereits genannten inhaltlichen Bestimmung kann man Lyrik durch die folgenden Merkmale charakterisieren: optische Gestalt, Musikalität/Klang (Metrik, Reime, s.S.60), Bildlichkeit der Sprache (z. B. Verwendung von Metaphern, s.S.65), Aussprechen von Eindrücken und Empfindungen eines lyrischen Ich (s.S.56)

Ein Text gibt bereits durch seine **optische Gestalt** zu erkennen, dass es sich nicht um eine sachliche Mitteilung handelt, sondern um ein Gedicht.

Beispiel: *Arnfrid Astel*

Umweltverschmutzung

Die Bayerwerke in Leverkusen
kennen unsere Bedürfnisse.
Nicht nur Aspirin produzieren sie,
sondern auch das Kopfweh.

Dieser Text wäre, hintereinander geschrieben, nicht mehr von Prosa zu unterscheiden. Nur durch die optische Gestalt wird deutlich, dass es sich hier nicht um eine sachliche Mitteilung handelt. Die Zeilen *Die Bayerwerke in Leverkusen* usw. nennt man **Vers** (vom lat. versus, eigentlich das Umwenden (des Pfluges), die gepflügte Furche, die Reihe). Ein Gedicht ist zunächst einmal ein Text, der in Versen geschrieben ist.

Es [das Gedicht, M.Z.] muss mit den Augen erfahren werden (Hilde Domin).

Versenden sind aber nicht nur optische Zeichen, sondern beim Lesen bzw. Vorlesen auch akustische Zeichen, da dort Sprechpausen eingelegt werden.

Die lyrische Sprache (besondere Bildlichkeit, Aussprechen von Eindrücken und Empfindungen) ist auch in der Epik und Dramatik zu finden.

Wir sprechen von unsrem Herzen, unserm Planen, als wären sie unser, und es ist doch eine fremde Gewalt, die uns herumwirft und ins Grab legt, wie es ihr gefällt, und von der wir nicht wissen, von wannen sie kommt, noch wohin sie geht. Wir wollen wachsen dahinauf, und dorthinaus die Äste und Zweige breiten, und Boden und Wetter bringt uns doch, wohin es geht, und wenn der Blitz auf deine Krone fällt, und bis zur Wurzel dich hinunterspaltet, armer Baum! was geht es dich an.   F. Hölderlin, *Hyperion.* S.326

Obwohl es sich hier um einen epischen Text handelt, wird nichts mehr erzählt. An die Stelle von Handlung treten Gedanken und Empfindungen.

Andererseits gibt es auch viele Gedichte, in denen keine lyrische Sprache verwendet wird.

In **Balladen** wird etwas erzählt, die Handlung überwiegt das Erleben.

In der **Gedankenlyrik** stehen Begriffe und Abstraktion (auch des lyrischen Ich) an der Stelle sinnlicher Verdichtung.

Aber flüchtet aus der Sinne Schranken
In die Freiheit der Gedanken.

F. Schiller, *Das Ideal und das Leben*

In der modernen Lyrik (s. *Umweltverschmutzung* auf S.56) wird häufig eine prosaische Sprache (im Sinne von: nüchtern, sachlich, alltäglich) verwendet.

2 Thema

Lyrische Texte, d.h. Gedichte, haben meist keine wiedergebbare Handlung. Dennoch haben sie ein Thema, das manchmal schon im Titel ausgesprochen oder zumindest angedeutet wird, so z. B. in Goethes Gedicht *Nähe des Geliebten:*

Nähe des Geliebten

Ich denke dein, wenn mir der Sonne Schimmer
Vom Meere strahlt;
Ich denke dein, wenn sich des Mondes Flimmer
In Quellen malt.

Ich sehe dich, wenn auf dem fernen Wege
Der Staub sich hebt;
In tiefer Nacht, wenn auf dem schmalen Stege
Der Wandrer bebt.

Ich höre dich, wenn dort mit dumpfem Rauschen
Die Welle steigt.
Im stillen Haine geh ich oft zu lauschen
Wenn alles schweigt.

Ich bin bei dir, du seist auch noch so ferne,
Du bist mir nah!
Die Sonne sinkt, bald leuchten mir die Sterne.
O wärst du da!

Das im Titel genannte Thema wird anhand von vielen Beispielen entfaltet und variiert.

Dabei zeigt sich eine weitere Besonderheit lyrischer Texte: Es handelt sich zumeist um die Veranschaulichung von Gefühlen und Gedanken, die das lyrische Ich, das im vorliegenden Gedicht ausdrücklich in der Form des Personalpronomens anwesende Ich, das diese Verse denkt, spricht oder sogar niederschreibt, mit einer bestimmten Situation verbindet. Dabei bezeichnet die Überschrift oft nur die Situation oder den Anlass, der zur Entstehung des Gedichts führte. So wird etwa in Eichendorffs Gedicht *Mondnacht* über die Beschreibung einer mondhellen Frühsommernacht hinaus die Sehnsucht nach Heimat und Frieden thematisiert:

Mondnacht

Es war, als hätt der Himmel
Die Erde still geküsst,
Dass sie im Blütenschimmer
Von ihm nun träumen müsst.

Die Luft ging durch die Felder,
Die Ähren wogten sacht
Es rauschten leis die Wälder,
So sternklar war die Nacht

Und meine Seele spannte
Weit ihre Flügel aus,
Flog durch die stillen Lande,
Als flöge sie nach Haus.

Noch deutlicher wird die Tatsache, dass Titel und eigentliches Thema nicht unbedingt übereinstimmen, bei Rilkes Gedicht *Der Panther*:

Der Panther

Im Jardin des Plantes, Paris

Sein Blick ist vom Vorübergehn der Stäbe
so müd geworden, dass er nichts mehr hält.
Ihm ist, als ob es tausend Stäbe gäbe
und hinter tausend Stäben keine Welt.

Der weiche Gang geschmeidig starker Schritte,
der sich im allerkleinsten Kreise dreht,
ist wie ein Tanz von Kraft um eine Mitte,
in der betäubt ein großer Wille steht.

Nur manchmal schiebt der Vorhang der Pupille
sich lautlos auf. - Dann geht ein Bild hinein,
geht durch der Glieder angespannte Stille -
und hört im Herzen auf zu sein.

Zwar geht es in diesem Gedicht offenkundig um die Beschreibung eines ganz konkreten Raubtiers, das in einem Käfig gehalten wird. Die Art der Beschreibung macht jedoch deutlich, dass der Panther eigentlich nur den Anlass dafür bietet, die Verzweiflung eines eingesperrten und isolierten Lebewesens zu schildern.

In Gedichten ist also auch - wie in den beiden anderen Dichtungsgattungen - ein Bezug zur **Wirklichkeit** vorhanden (durch Erwähnung oder Beschreibung von Objekten oder Situationen), dies dient aber nicht dem Aufbau einer fiktionalen Welt, sondern ist der Aufhänger für den Ausdruck subjektiven Erlebens.

Die **Gedichtüberschriften** weisen meist entweder auf das Objekt (*Mondnacht*, *Der Panther*) oder auf das Erleben (*Nähe des Geliebten*) hin.

3 Lyrisches Ich

Im Gedicht ist kein Strich enthalten, der nicht erlebt, aber kein Strich so wie er erlebt worden ist.   Goethe

Natürlich haben alle Gedichte einen Verfasser. Diese Tatsache verleitet oft dazu, das Ich, das in vielen Gedichten ausdrücklich in Form eines Personalpronomens genannt wird - so z. B. in *Nähe des Geliebten* und *Mondnacht* - mit dem Autor gleichzusetzen. Das ist jedoch falsch. Zum einen nämlich ist der Autor selbst dann, wenn er in einem Gedicht seine eigenen momentanen Gefühle ausspricht, nicht immer derselbe (der frisch verliebte Zwanzigjährige ist nicht identisch mit dem in die Betrachtung der Natur versunkenen Siebzigjährigen), zum anderen kann das Ich des Gedichts auch eine gänzlich andere Person bezeichnen, wie z. B. in Brentanos Gedicht *Der Spinnerin Lied*:

> *Der Spinnerin Lied*
>
> *Es sang vor langen Jahren*
> *Wohl auch die Nachtigall;*
> *Das war wohl süßer Schall,*
> *Da wir zusammen waren.*
>
> *Ich sing und kann nicht weinen*
> *Und spinne so allein*
> *Den Faden klar und rein,*
> *Solang der Mond wird scheinen.*
>
> *Da wir zusammen waren,*
> *Da sang die Nachtigall;*
> *Nun mahnet mich ihr Schall,*
> *Dass du von mir gefahren.*
>
> *So oft der Mond mag scheinen,*
> *Gedenk ich dein allein;*
> *Mein Herz ist klar und rein,*
> *Gott wolle uns vereinen!*
>
> *Seit du von mir gefahren,*
> *Singt stets die Nachtigall;*
> *Ich denk bei ihrem Schall,*
> *Wie wir zusammen waren.*
>
> *Gott wolle uns vereinen,*
> *Hier spinn ich so allein,*
> *Der Mond scheint klar und rein,*
> *Ich sing und möchte weinen.*

Auch wenn dies nicht aus dem Titel hervorginge, wäre aus dem Text dieses Gedichts eindeutig zu entnehmen, dass das Ich nicht der Autor sein kann. Daher bezeichnet man das Ich, das in lyrischen Texten vorkommt, neutral als **lyrisches Ich**. Dieses Ich ist auch dann vorhanden, wenn es - wie z. B. in dem oben zitierten Rilke-Gedicht - nicht ausdrücklich in Form des entsprechenden Personalpronomens auftaucht. Es ist die Person, deren Gedanken und Gefühle in dem jeweiligen Gedicht geschildert und veranschaulicht werden.

Der Spinnerin Lied hat das gleiche Thema wie *Nähe des Geliebten*. Während der Arbeit am Spinnrad sind die Gedanken des Mädchens beim Geliebten. Die Erinnerung an vergangenes Glück und der Gesang der Nachtigall (Strophen mit Reim auf a) wechseln mit den Gedanken an die Gegenwart, das Alleinsein und die ungestillte Sehnsucht beim Anblick des Mondes (Strophen mit Reim auf ei).

Beispiele:
Nähe des Geliebten
Hier schiebt sich das lyrische Ich sehr in den Vordergrund. Alle Strophen fangen mit dem Personalpronomen *Ich* an. Die zentralen Aussagen *(ich denke dein, ich sehe dich, ich höre dich, ich bin bei dir)* werden als abstrakte Behauptungen vorangestellt. Die folgenden Naturbilder geben die Bedingungen an, unter denen diese Aussagen zutreffen *(wenn)*.

Mondnacht
Hier wird in den ersten beiden Strophen durch Naturbilder eine Stimmung erzeugt, die das lyrische Ich mitreißt: es möchte sich in der Natur auflösen. Es wird die Utopie einer Harmonie zwischen den Gefühlen und der Naturerscheinung beschworen, die aber durch den Konjunktiv *(flöge)* wieder in Frage gestellt wird. Es gibt keine Heimkehr mehr. Es bleibt die Sehnsucht.

Der Panther
Das Gedicht ist zwar in der dritten Person geschrieben, als ob jemand, der sich nicht zu erkennen gibt, den Panther beobachtet. Der Blick geht aber in das Innere des Tieres, betrachtet es als beseeltes Wesen. Dadurch erhält man als Leser den Eindruck einer Seelenverwandtschaft zwischen Panther und lyrischem Ich.

In der Lyrik schildert das lyrische Ich das Erlebnis eines Gegenstandes, nicht den Gegenstand eines Erlebnisses.

4 Sprache als Klang

Gedichte sind genaue Form.
Peter Wapnewski

Lyrische Texte sind im Normalfall Gedichte. Insofern unterscheiden sie sich schon im Druckbild von anderen Texten dadurch, dass Zeilen, die **Verse** genannt werden, nicht, wie dies in Prosatexten üblich ist, bis zur seitlichen Begrenzung der Seite reichen, sondern meist sehr viel kürzer sind.
Dies hängt mit einem weiteren Merkmal der Lyrik zusammen: es handelt sich um *gebundene Sprache*, die ein bestimmtes Metrum aufweist.

4.1 Metrum

Unter **Metrum** (lat.: Maß) versteht man eine regelmäßige Abfolge von betonten und unbetonten Silben.
Die betonten Silben werden in den folgenden Beispielen durch „-" und die unbetonten Silben durch „∪" gekennzeichnet.

	Es	**war**	als	**hätt**	der	**Him-**	mel
	ᴗ	–	ᴗ	–	ᴗ	–	ᴗ

Dieses	Die	**Er-**	de	**still**	ge-	**küsst,**	häufig
	ᴗ	–	ᴗ	–	ᴗ	–	

anzutreffende Metrum, bei sich dem unbetonte und betonte Silbe abwechseln, wobei mit der unbetonten begonnen wird, nennt man **Jambus**. Daneben kommen noch drei weitere Versmaße vor:

Jambus   Folge von unbetonter und betonter Silbe: ᴗ –

*Sein **Blick** ist **vom Vorübergehn** der **Stäbe***   ᴗ– ᴗ– ᴗ– ᴗ– ᴗ– ᴗ
*So **müd** geworden, **dass** er **nichts** mehr **hält**.*   ᴗ– ᴗ– ᴗ– ᴗ– ᴗ–
Der Jambus erzeugt einen steigenden Rhythmus.
Er ist weicher und gleitender als der Trochäus.

Trochäus   Folge von betonter und unbetonter Silbe: – ᴗ

***Hop**pe, **hop**pe **Rei**ter,*   – ᴗ – ᴗ – ᴗ
***Wenn** er **fällt**, dann **schreit** er.*   – ᴗ – ᴗ – ᴗ
Der Trochäus erzeugt einen fallenden Rhythmus.
Er beginnt schwer.

Anapäst   Folge von zwei unbetonten und einer betonten Silbe: ᴗ ᴗ –

*Übers **Jahr**, übers **Jahr**, wenn der **Frühling** **kommt***   ᴗ ᴗ – ᴗ ᴗ – ᴗ ᴗ – ᴗ –

Daktylus   Folge von einer betonten und zwei unbetonten Silben: – ᴗ ᴗ

***Änn**chen von **Tha**rau ist's, **die** mir ge**fällt**.*   – ᴗ ᴗ – ᴗ ᴗ – ᴗ ᴗ –
***Sie** ist mein **Le**ben, mein **Gut** und mein **Geld**.*   – ᴗ ᴗ – ᴗ ᴗ – ᴗ ᴗ –
Unbekannter Barockdichter

Die Metrik verwendet, seit im Barock Regeln für die Dichtkunst aufgestellt wurden, die griechisch-lateinischen Fachbegriffe, obwohl ein grundlegender Unterschied zwischen antiker und deutscher Versbauweise besteht. In der Antike war die Betonung der Silben variabel. Man muss das Versmaß kennen, um richtig betonen zu können. Im Deutschen lassen sich die festliegenden Betonungen der einzelnen Wörter und das starre Taktschema nicht immer verbinden oder werden bewusst gegeneinander laufen gelassen. Die Stellen, an denen Takt und Sprechrhythmus einander zuwiderlaufen, kennzeichnen oft die Sinnhöhepunkte eines Verses.

Beispiele:

Nähe des Geliebten
Das ganze Gedicht ist im Jambus geschrieben.

Mondnacht
Das ganze Gedicht ist im Jambus geschrieben. In der letzten Strophe betont man beim sinngemäßen Lesen aber eher die Wörter *Weit* und *Flog*. Dadurch wird der Wunsch des lyrischen Ichs, sich in der Natur aufzulösen, unterstrichen.

Der Panther
Nur der durch Gedankenstriche isolierte Satz kann so gelesen werden, dass er aus dem Jambus herausfällt und dadurch ein besonderes Gewicht erhält.

Der Spinnerin Lied
Das ganze Gedicht ist im Jambus geschrieben.

Ein weiteres Beispiel, in dem durch den Wechsel des Metrums innerhalb eines Verses bestimmte Wörter hervorgehoben werden (hier fett gedruckt), ist:

Friedrich Nietzsche

Vereinsamt

Die Krähen schrein
Und ziehen schwirren Flugs zur Stadt:
Bald *wird es schnein. -*
Wohl dem, der jetzt noch - Heimat hat!

Nun *stehst du starr,*
Schaust rückwärts, ach! wie lange schon!
Was bist du Narr
Vor Winters in die Welt entflohn?

Die Welt - ein Tor
Zu tausend Wüsten stumm und kalt!
Wer das verlor,
Was du verlorst, macht nirgends halt.

Nun *stehst du bleich,*
Zur Winter-Wanderschaft verflucht,
Dem Rauche gleich,
Der stets nach kältern Himmeln sucht.

Flieg, *Vogel, schnarr*
Dein Lied im Wüstenvogel-Ton! -
Versteck, du Narr,
Dein blutend Herz in Eis und Hohn!

Die Krähen schrein
Und ziehen schwirren Flugs zur Stadt:
Bald *wird es schnein. -*
Weh dem, der keine Heimat hat!

Durch diese Brüche im Rhythmus kommt die Verzweiflung des lyrischen Ichs zum Ausdruck, ebenso wie in den unvollständigen Sätzen, Interjektionen, Selbstanklagen.

4.2 Endreim

Obwohl es in modernen Gedichten oft gar keinen Endreim mehr gibt, gilt er immer noch als das typische Merkmal eines Gedichts.

Unter einem **Endreim** versteht man den Gleichlaut (nicht unbedingt die gleiche Schreibweise: holen - gestohlen) der Endwörter zweier Verse von der letzten betonten Silbe an:

> *Zwei Flaschen stehn auf einer **Bank**,*
> *die eine dick, die andre **schlank**.*
> *Sie möchten gerne **heiraten**.*
> *Doch wer soll ihnen **beiraten**.*
>
> Christian Morgenstern, *Die beiden Flaschen*

Je zwei aufeinanderfolgende Verse reimen sich am Ende.

Man unterscheidet:
Männliche (oder stumpfe) **Kadenz** (von lat. *cadere* = fallen), wenn das Reimwort mit einer Betonung endet:

> *Zwei Flaschen stehn auf einer **Bank**,*
> *die eine dick, die andre **schlank**.*

Weibliche (oder klingende) **Kadenz**, wenn das Reimwort mit einer unbetonten Silbe endet:

> *Sie möchten gerne **heiraten**.*
> *Doch wer soll ihnen **beiraten**?*

Der männliche Reim gibt dem Versende ein größeres Gewicht und betont den Reim. In den meisten Gedichten wechseln sich männlicher und weiblicher Reim ab, weil dadurch die Gefahr der Monotonie eingeschränkt wird.

Wie in allen bisher zitierten Gedichten deutlich wird, werden mit Hilfe des Endreims Verse in Beziehung gesetzt. Bei einer Analyse des Reimschemas eines Gedichts werden die sich aufeinander reimenden Verse mit gleichen kleinen Buchstaben bezeichnet.

Paarreim	*Sie war ein Blümlein hübsch und fein,*	a
	Hell aufgeblüht im Sonnenschein.	a
	Er war ein junger Schmetterling,	b
	Der selig an der Blume hing.	b
		Wilhelm Busch

Der Paarreim ist in Gedichten selten. Er hat etwas Banales (Verwendung in Poesiealben). Je zwei Verse bilden eine Einheit. Darüber hinaus entsteht durch den Reim kein Zusammenhang. In Gedichten wird er verwendet, um wichtige Aussagen hervorzuheben.

Kreuzreim	*Und meine Seele spannte*	a
	Weit ihre Flügel aus,	b
	Flog durch die stillen Lande,	a
	Als flöge sie nach Haus.	b
		Eichendorff

Der Kreuzreim ist besonders beliebt. Er ist offener und legt eine vierzeilige Stro-phenbildung nahe. Außerdem ermöglicht er die Abwechslung von stumpfen und klingenden Versenden (Kadenzen).
Die obige Strophenform nennt man auch **Volksliedstrophe**, weil sie häufig in Volksliedern zu finden ist.

Umarmender Reim		
	Es sang vor langen Jahren	a
	Wohl auch die Nachtigall;	b
	Das war wohl süßer Schall,	b
	Da wir zusammen waren.	a
		Brentano

Der umarmende Reim schafft eine größere Geschlossenheit der Strophen und legt einen symmetrischen Aufbau nahe.

Schweifreim	Aufeinanderfolge von Paarreim und umarmendem Reim	
	Der Mond ist aufgegangen,	a
	Die goldnen Sternlein prangen	a
	Am Himmel hell und klar;	b
	Der Wald steht schwarz und schweiget,	c
	Und aus den Wiesen steiget	c
	Der weiße Nebel wunderbar.	b
		Claudius, *Abendlied*

Auch der Schweifreim ist häufig in Volksliedern zu finden.

4.3 Binnenreime

Neben dem Endreim gibt es noch sog. Binnenreime, wie z. B.:

ALLITERATION   Gleichklang des Anlauts der betonten Silben zweier oder mehrerer Wörter:

Bei **W**ind und **W**etter / **K**ind und **K**egel / **M**ann und **M**aus / alternde Astern / **W**interstürme wichen dem **W**onnemond / **K**enner kennen keine **K**ompromisse.

*Über der **W**elt sind die **W**olken, sie gehören zur **W**elt*
*Über den **W**olken ist nichts.*   Bertolt Brecht

Beim **Stabreim** der germanischen Dichtung tritt die Alliteration gesetzmäßig auf:

ferahes frotoro-,   her fragen gistuont (Hildebrandlied)
(Des Lebens erfahrener-,   zu fragen begann er)

ASSONANZ   Gleichklang nur der betonten Vokale in mindestens zwei Wörtern:

Ich hab es getragen sieben Jahr.

ANAPHER   Wiederholung desselben Wortes oder derselben Wortgruppe am Anfang mehrerer aufeinanderfolgen-der Verse:

***lies** keine oden, mein sohn*
***lies** fahrpläne*   Hans Magnus Enzensberger

4.4 Zeilensprung

Die Gedichtzeile (= Vers) ist eine Texteinheit. Die Versgrenze stimmt häufig mit dem Satzende oder dem einer kleineren grammatischen Einheit überein (Zeilenschluss). Trifft das nicht zu, spricht man vom Zeilensprung oder **Enjambement** (von franz. enjamber = überschreiten, überspringen).

> *Ich sage das ist*
> *Der Schlitten der nicht mehr hält, Schnee fällt uns*
> *Mitten ins Herz, er glüht*
> *Auf den Aschekübeln im Hof Darling flüstert die Amsel*
>
> Sarah Kirsch, *Die Luft riecht schon nach Schnee*

Hier erhält das Gedicht einen unterschiedlichen Sinn, je nachdem, ob man es in Verseinheiten oder in grammatischen Einheiten liest.

Durch Zeilensprung kann auch der Spannungslosigkeit eines Gedichts entgegengewirkt werden, die auftreten kann, wenn immer Zeilenschluss vorliegt.

5 Sprache als Bild

Die Sprache der Lyrik ist, neben den formalen Merkmalen des Metrums und des Reims, dadurch gekennzeichnet, dass sie in besonders hohem Ausmaß sprachliche Bilder benutzt, um Gefühle und Stimmungen zu vermitteln. Um Neues und Individuelles auszudrücken, werden auch neue Sprachbilder geschaffen.

Das sprachliche Bild beruht auf der Möglichkeit der Übertragung. Ein Wort (oder eine Wortgruppe) aus einem bestimmten Bereich wird zu einem zweiten aus einem anderen in Beziehung gesetzt, und es entstehen für den Leser neue Bedeutungszusammenhänge, die die Wörter bzw. Wortgruppen in der Umgangssprache nicht haben.

5.1 Vergleich

Bei einem Vergleich werden durch entsprechende Vergleichswörter *(wie, als ob)* zwei Bereiche in Beziehung gesetzt, die normalerweise nichts miteinander zu tun haben und bei denen der eine, der Bildbereich, zur Veranschaulichung des *eigentlich Gemeinten* dient.

Beispiel: *Er gebärdet sich wie ein Pfau.*

Der Bildbereich ist hier der Pfau, das *eigentlich Gemeinte* ist das Verhalten eines Mannes.

Den Schlüssel zum Verständnis liefert das tertium comparationis, das beiden gemeinsame Dritte, im vorangegangenen Beispiel das Verhalten des Mannes.

So stellt Eichendorff mit den Versen

> *Es war, als hätt der Himmel*
> *Die Erde still geküsst,*
> *Dass sie im Blütenschimmer*
> *Von ihm nun träumen müsst.*

die Erde mit ihren blühenden Büschen und Bäumen als eine Braut dar, die vom mondhellen Himmel als ihrem Bräutigam geküsst wird, um auf diese Weise die Stimmung dieser Nacht zu veranschaulichen. Das tertium comparationis ist in diesem Fall das Weiß, das sowohl die vom Mond beschienenen Blüten als auch den Brautschleier auszeichnet.

5.2 Metapher

Häufiger als der Vergleich ist, zumal in modernen Gedichten, die Metapher (griech.: Übertragung), die von manchen als *verkürzter Vergleich* (oder *Vergleich ohne wie*) bezeichnet wird, weil nicht gesagt wird, was denn da eigentlich womit verglichen wird.
Vergleich: *Er gebärdet sich wie ein Pfau*   Metapher: *Er ist ein Pfau.*
Bei vielen Metaphern, die z. B. in der Barocklyrik oder in der Umgangssprache vorkommen, ist der Vergleich noch nachvollziehbar:

BAROCKLYRIK: *Rosenlippen* (Gemeinsamkeit: rote Farbe), *Erdenschoß* (Erde als Mutter, die alles hervorbringt)
UMGANGSSPRACHE: *Flaschenhals* (Vergleich der Flaschenform mit der Figur eines Menschen), *Tischbein* (Vergleich mit einem Vierbeiner), *Glühbirne* (vergleichbare Form), *Nierentisch* (vergleichbare Form).
Diese Wörter werden nicht mehr als Metaphern empfunden, weil sie zum festen Sprachgebrauch gehören. Man nennt sie *verblasste Metaphern.*

Eine besondere Form der Metapher ist die **PERSONIFIKATION**, bei der Begriffe oder Dinge vermenschlicht werden.
Beispiele: *Die Sonne lacht. Der Glaube besiegt die Furcht. Lügen haben kurze Beine.*
oder in einem Gedicht:

> *Der Sturm ist da, die wilden Meere hupfen*
> *An Land, um dicke Dämme zu zerdrücken.*
>
> Jakob van Hoddis, *Weltende*

Bei älteren Gedichten führen auch unübliche Metaphern selten zu Verständnisschwierigkeiten:

> *Veilchen träumen schon,*
> *Wollen balde kommen.*   Mörike

Bei diesen Versen stellt man sich etwas vor, auch wenn der Satz keine genaue Aussage über die Wirklichkeit macht: Haben die Veilchen schon Knospen, oder sind erst die ersten Triebe zu sehen? Der Objektbezug geht verloren, es wird eine Impression, ein subjektives Erleben ausgedrückt, das beim Leser aber wieder eine eigene Vorstellung der Realität erzeugt.

Neben den Metaphern macht häufig schon die Interpretation eines einzelnen Wortes große Schwierigkeiten:

> *Und meine Seele spannte*
> *Weit ihre Flügel aus.*   Eichendorff

Dieses „und" möchte man interpretieren können. Ich glaube, man hätte ein kleines Weltgeheimnis in der Hand. Man weiß aber sofort, dass es nicht möglich ist.
P. Stöcklein

Die Metaphorik moderner Gedichte ist dagegen häufig kaum noch zu verstehen, weil die Metaphern keine Vorstellungen über Realität mehr erzeugen.

Beispiel: Paul Celan

Ins Nebelhorn

Mund im verborgenen Spiegel,
Knie vor der Säule des Hochmuts,
Hand mit dem Gitterstab:

reicht euch das Dunkel,
nennt meinen Namen,
führt mich vor ihn.

Hier ist der Bezug zur Realität nicht mehr nachvollziehbar. Es handelt sich um rein sprachliche Bilder, die nur durch die eigenen Assoziationen und durch den Kontext erschlossen werden können.

Die erste Strophe benennt drei Körperteile (*Mund, Knie, Hand*), die hier als selbstständige Wesen angesprochen werden und in einem schwer durchschaubaren Bezug stehen (z. B. *Mund im verborgenen Spiegel*). Der Doppelpunkt zum Abschluss der Strophe zeigt, dass der Imperativ der zweiten Person Plural (*reicht, nennt, führt*) in der zweiten Strophe sich auf die vorher angesprochenen Körperteile bezieht. Diese werden aufgefordert, mit dem lyrischen Ich (*meinen, mich*) etwas vorzunehmen. Am unklarsten ist der erste Imperativ (*reicht euch das Dunkel*).

In der zweiten Strophe ist zunächst unklar, worauf sich das Personalpronomen *ihn* bezieht. Es gibt in dem Gedicht keine männliche Person, bleiben also nur die männlichen Substantive (*Mund, Spiegel, Hochmut, Gitterstab, Namen*). Am nächsten liegt es, *ihn* auf das unmittelbar vorangehende Substantiv *Namen* zu beziehen. Man könnte die folgende Situation konstruieren:

Das lyrische Ich erlebt sich nicht als personale Einheit, sondern als Mund, Knie, Hand, die voneinander getrennt sind, in einem jeweils anderen Bezug stehen, einander fremd sind und sich für das Ich im Dunkel befinden. Identität wird für das Ich nicht durch die Teile des Körpers hergestellt, sondern eher durch den Namen, der ihm unbekannt ist, mit dem es konfrontiert werden will. Versteht man das Gedicht so, dann liefert es Metaphern eines möglichen Identitäts- oder Nichtidentitätserlebnisses.

Das ist aber nur eine mögliche Deutung aus dem Kontext heraus. Es gibt keinen eindeutigen Objektbezug mehr. Die Objekte sind Vorwände für Wörter. Das Gedicht ist ein **sprachliches Kunstgebilde**.

Ist der Objektbezug einer Metapher nicht mehr deutlich, das tertium comparationis nicht mehr zu erkennen, dann spricht man von **Chiffren** (frz.: Ziffer, Zahl). Ursprünglich bedeutet Chiffre Zeichen einer Geheimschrift, das nach einem bestimmten Schlüssel gebildet ist. Chiffren im Gedicht können aber nicht eindeutig entziffert werden. Sie sind individuelle Geheimzeichen des Lyrikers.

Gottfried Benn

Ein Wort

Ein Wort, ein Satz -: Aus Chiffren steigen
erkanntes Leben, jäher Sinn,
die Sonne steht, die Sphären schweigen
und alles ballt sich zu ihm hin.

Ein Wort - ein Glanz, ein Flug, ein Feuer,
ein Flammenwurf, ein Sternenstrich -
und wieder Dunkel, ungeheuer,
im leeren Raum um Welt und Ich.

Hier wird es ausdrücklich ausgesprochen, dass Chiffren für einen Augenblick so etwas wie Sinn und Zusammenhang der Dinge aufzeigen können. Die Aussage des Gedichts ist aber, dass das wirkungslos ist wie bei einem Kometen: Leser und lyrisches Ich fallen in den Zustand des Dunkels und der Einsamkeit zurück.

5.3 Symbol, Allegorie

Weitere Formen bildlicher Sprache in der Lyrik sind das Symbol und die Allegorie.

Das **Symbol** (griech.: Erkennungszeichen, Merkmal) ist ein sprachliches Bild, das zunächst aus sich heraus verständlich ist, aber darüber hinaus etwas bedeutet.

Beispiel: Conrad Ferdinand Meyer

Zwei Segel

1   *Zwei Segel erhellend*
     Die tiefblaue Bucht!
     Zwei Segel sich schwellend
     Zu ruhiger Flucht!

5   *Wie eins in den Winden*
     Sich wölbt und bewegt,
     *Wird auch das **Empfinden***
     *Des andern **erregt**.*

9   ***Begehrt** eins zu hasten,*
     Das andre geht schnell,
     ***Verlangt** eins zu rasten,*
     *Ruht auch sein **Gesell**.*

Das Gedicht handelt zunächst von der Bewegung zweier Segel(boote) im Wind. Ab Vers 7 werden diesen Segeln psychische Vorgänge zugeschrieben (Empfinden, Erregung, Begehren, Verlangen). Dadurch wird auf einen allgemeineren Zusammenhang verwiesen. Durch das Wort *Gesell* wird dann deutlich, dass die Segel für zwei Menschen stehen, die ihr Handeln aufeinander abgestimmt haben.
Die Schlüsselwörter sind hier zur Verdeutlichung fett gedruckt.

Kunst hat immer symbolischen Charakter. Ein Baum in der Realität **ist**, er bedeutet nichts. Ein Baum in einem Gedicht ist nicht, er **bedeutet** etwas. Diese Bedeutung wird aber nicht immer, wie in dem Gedicht von C.F.Meyer, durch den Kontext nahegelegt.

Sie [die Poesie, M.Z.] spricht ein Besonderes aus, ohne ans Allgemeine zu denken und darauf hinzuweisen. Wer nun dieses Besondere fasst, erhält zugleich das Allgemeine mit, ohne es gewahr zu werden, oder erst spät (Goethe).

Eine **Allegorie** (griech. von *allegorein*: etwas anderes sagen) ist eine gleichnishafte, rational fassbare Darstellung eines Begriffs oder einer Aussage in einem Bild. Beispiel: Verkehrszeichen. Sie ist häufiger in der darstellenden Kunst als in der Literatur zu finden (Beispiel: Darstellung der Melancholie als Frau bei Dürer).

6 Sprachliche Komik

Neben den bisher angesprochenen Gedichten, die zur Deutung herausfordern, gibt es eine große Anzahl von Gedichten, die als einziges Ziel verfolgen, den Leser zum Lachen oder Lächeln zu bringen. Eine Analyse dieser Gedichte zerstört allerdings ihre komische Wirkung, deshalb sollen hier nur wenige Hinweise gegeben werden.

Die kürzeste Definition des Lachens hat – wie gesagt - Kant geliefert: Lachen ist *die Auflösung einer gespannten Erwartung in nichts.* Der Lachreiz ist also am größten, wenn weder Schmerz noch Trauer noch Erkenntnis zurückbleiben.

Die einfachste Form, eine Erwartung auf unerwartete Weise zu lösen, ist das **Wortspiel.** In Shakespeares *Komödie der Irrungen* heißt es z. B.: S: *Halt dein Maul.* – D: *Nein, verlangt lieber, dass er seine Hände halte.* (D. war geschlagen worden).

Komik entsteht in Gedichten häufig durch eine überraschende Situation, eine überraschende Bedeutung, eine überraschende grammatische Verknüpfung, einen überraschenden Reim, ein überraschendes Schriftbild und den überraschenden Absturz vom Erhabenen ins Banale. Der letzte Fall liegt im folgenden Gedicht vor:

Curt Peiser

Ein Knabe aus Tehuantepec,
Der lief auf der Bahn seiner Tante weg,
Sie lief hinterher,
Denn sie liebte ihn sehr,
Und außerdem trug er ihr Handgepäck.

Eine andere Form sprachlicher Komik ist die **Parodie.** Hier soll eine von einem anderen Dichter übernommene Form lächerlich gemacht werden, indem sie mit einem banalen Inhalt verbunden wird.

Nikolaus Lenau	Niémetz Lenau Ferencz Miklós
Auf dem Teich, dem regungslosen,	*In dos Daich, dos regungslose,*
Weilt des Mondes holder Glanz,	*Schaugt dos ungorische Mond,*
Flechtend seine bleichen Rosen	*Gleichsam steckend saine Nose*
In des Schilfes grünen Kranz.	*In ain Glos – ist so gewohnt!*
Hirsche wandeln dort am Hügel,	*Wondelt Hirsch vorbai on Higerl,*
Blicken in die Nacht empor;	*Nocht ist etwos dunkel zwor,*
Manchmal regt sich das Geflügel	*Ober Hirsch ist stolz wie Gigerl –*
Träumerisch im tiefen Rohr.	*Hirsch ist eben: Mogyor!*
Weinend muss mein Blick sich senken;	*Wann ich seh dos, muss ich sogen:*
Durch die tiefste Seele geht	*Dos ist scheen: Teremtete!*
Mir ein süßes Deingedenken,	*Dos geht Ainem durch den Mogen*
Wie ein stilles Nachtgebet!	*Wie ain haißer Nochtcoffee!*

Aus: Thalmeyer. S.236 f.

Eine zweite Form des Komischen ist die **Nonsense-Dichtung**. Anstelle einer gespannten Erwartung wird hier gerade deren Ausbleiben als Quelle von Komik genutzt. Die fehlende Erwartung wird durch eine ganz und gar unlogische Schlussfolgerung enttäuscht. Das Ausbleiben der Pointe bewirkt den Lachreiz.

Günter Grass

Vergleichsweise

Eine Katze liegt in der Wiese.
Die Wiese ist hundertzehn
mal neunzig Meter groß;
die Katze dagegen ist noch sehr jung.

7 Formen der Lyrik

In der modernen Lyrik werden nur mehr selten traditionelle lyrische Formen verwendet (wie z. B. bei W. Wondratschek, *Die Einsamkeit der Männer. Mexikanische Sonette*). Trotzdem sollen hier einige vorgestellt werden, die noch im 20. Jahrhundert sehr beliebt waren.

BALLADE (ital.: Tanzlied)

Die Ballade verbindet lyrische, epische und dramatische Elemente. Sie erzählt - oft in Dialogform (wörtliche Rede) - ungewöhnliche Begebenheiten und das Verhalten von Menschen in schwierigen Situationen und endet meist tragisch. Sie ist dramatisch aufgebaut. Strophenform, Singbarkeit, häufig auch Refrain verbinden sie mit der Lyrik. Sie ist aber nicht mehr die Aussage eines lyrischen Ichs, sondern erzeugt eine fiktionale Welt. In Deutschland ist sie seit 1770 eingebürgert.

Beispiele: Gottfried August Bürger, *Lenore*
Friedrich von Schiller, *Der Ring des Polykrates, Die Bürgschaft, Der Handschuh*
Bertolt Brecht, *Ballade vom Weib und vom Soldaten*

Volker von Törne, *Lied vom Terroristen Karl Heinz Pawla*

EPIGRAMM (griech.: Aufschrift)

In der Antike war das Epigramm meist eine kurze, präzise, erklärende Inschrift auf Gebäuden, Kunstwerken, Monumenten.

Wanderer, kommst Du nach Sparta, verkündige dorten, du habest
uns hier liegen gesehen, wie das Gesetz es befahl.
Grabinschrift von Keos, 556-468 v.u.Z

In der deutschen Literatur sind Epigramme vor allem in der Spruchdichtung zu finden:

Tolle Zeiten hab ich erlebt und hab nicht ermangelt,
Selbst auch töricht zu sein, wie es die Zeit mir gebot. Goethe

MINNELIED (Minne, mittelhochdeutsch: Liebe zwischen Mann und Frau)

Das Minnelied ist die wichtigste lyrische Form des Mittelalters (12. - 14. Jahrhundert). Es ist ein kunstvoll gebautes Lied, das den Dienst an der unerreichbaren, weil verheirateten Herrin verherrlicht. Es wurde bei Festen am Hof zur Unterhaltung vorgetragen. Die Dichter sind selbst Angehörige des Ritterstandes oder Ministerialen (unfreie Bedienstete von Fürsten).

Im frühen Minnesang (Der Kürenberger, Dietmar von Eist) wird noch die Liebe besungen, die Erfüllung einschließt. In sogenannten Rollenliedern sprechen Ritter und Dame oder beide im Wechsel ihre Gefühle aus, wobei die Frau meist die Begehrende ist.

Unter dem Einfluss der südfranzösischen Troubadoure, die die Formen des Lehnswesens auf die Beziehungen zu der sozial höherstehenden Gattin des Lehnsherrn übertrugen und ihr in kunstvollen Minneliedern huldigten, wird auch in der deutschen Minnelyrik (*Hohe Minne*) der Frauendienst ohne Liebeserfüllung besungen. Ziel ist die Selbsterziehung, die Läuterung. Schon aus der Grundsituation (Liebeserklärung an die Gemahlin des Herrn) ergibt sich die Minneklage: das Leiden an der ausbleibenden Erfüllung.

Beispiele bei Friedrich von Hausen, Heinrich von Morungen, Reinmar dem Älteren, Walther von der Vogelweide u.a.

TAGELIED

Das Tagelied ist eine besondere Form des Minneliedes. Es gestaltet in mehreren Strophen das Motiv des Abschieds zweier Liebender, ihrer Trennung beim Klang des Horns oder der Rufe des Wächters nach einer unerlaubten Liebesnacht. Damit steht es im Gegensatz zur eigentlichen Minnesituation (Unerreichbarkeit der Geliebten, Unerfüllbarkeit). Es besteht oft aus Einleitung, Rede und Gegenrede der beiden Liebenden und der Klage der verlassenen Frau.

Beispiele bei Dietmar von Eist, Wolfram von Eschenbach, Heinrich von Morungen.

ODE (griech.: Gesang)

Die Ode ist ein strophisch gegliedertes, meist reimloses Gedicht, das in einem erhabenen und feierlichen Ton geschrieben ist. Es drückt vor allem die Spannung zwischen Ideal und Wirklichkeit aus. Höhepunkt der deutschen Odendichtung sind die Oden von Klopstock.

Beispiel einer Odenstrophe:

F. Hölderlin, *Lebenslauf*

Hoch auf **strebte** mein **Geist**, aber die **Liebe zog**
Schön ihn **nie**der, das **Leid** be**siegt** ihn ge**waltiger**
so durch**lauf** ich des **Lebens**
Bogen und **lebe**, wo**her** ich **kam**

$$- \cup / - \cup \cup / - / - \cup \cup / - \cup / -$$
$$- \cup / - \cup \cup / - (\cup) / - \cup \cup / - \cup \cup$$
$$- \cup / - \cup \cup / - \cup$$
$$- \cup (\cup) / - \cup \cup / - \cup / -$$

SONETT (sonetto, ital.: Tönchen, kleiner Tonsatz)

Das Sonett ist eine kunstvolle Gedichtform, die auf Petrus de Vinea (1190 -1249) zurückgehen soll. In seiner französischen Form ist das Sonett ein vierstrophiges Gedicht mit vierzehn meist fünffüßigen jambischen Versen. Es ist in zwei vierzeilige Strophen (Quartette) und in zwei dreizeilige Strophen (Terzette) gegliedert. Für die Quartette ist der umarmende Reim vorgeschrieben. Die Terzette können freier gestaltet werden (ursprüngliche Reimfolge: cdc dcd), z. B. ccd eed. Die eigentlich musikalischen Bezeichnungen Aufgesang für die Quartette und Abgesang für die Terzette sind der Vertonung von Sonetten entlehnt.

Das Sonett ist vom Barock bis in die Gegenwart (Brecht) die am weitesten verbreitete Gedichtform.

Beispiel:

*Natur und Kunst, sie scheinen sich zu fliehen
und haben sich, eh' man es denkt, gefunden;
der Widerwille ist auch mir verschwunden,
und beide scheinen gleich mich anzuziehen.*

*Es gilt wohl nur ein redliches Bemühen!
Und wenn wir erst in abgemessnen Stunden
mit Geist und Fleiß uns an die Kunst gebunden
mag frei Natur im Herzen wieder glühen.*

*So ist's mit aller Bildung auch beschaffen:
Vergebens werden ungebundne Geister
nach der Vollendung reiner Höhe streben.*

*Wer Großes will, muss sich zusammenraffen;
in der Beschränkung zeigt sich erst der Meister,
und das Gesetz nur kann uns Freiheit geben.*

Goethe (1800)

In den Quartetten wird die Antithetik von Natur und Kunst entfaltet, in den Terzetten wird diese Beziehung auf das Verhältnis von Freiheit und Gesetz übertragen.

Weitere Beispiele bei Eichendorff, Stefan George, Rilke, Heym, Trakl, Brecht, Benn.

VOLKSLIED

Das Volkslied ist ein gereimtes, strophisch gegliedertes Lied, das nach Inhalt, Form und Melodie besonders einprägsam ist. Die meisten Volkslieder bestehen aus sog. **Volksliedstrophen**, das sind 4 Verse mit Kreuzreim.
Beispiele: Eichendorff, *Wem Gott will rechte Gunst erweisen*
Heinrich Heine, *Loreley*

8 Fragen zum Erschließen von Gedichten

> *Mein Gedicht sagt, was ich weiß.*
> *Es fragt dich, was du weißt.*
> Ernst Meister

1. ERSTER EINDRUCK

(1) Wie wirkt das Gedicht auf Sie? Welche Stimmung drückt *es* aus?
(2) Lesen Sie das Gedicht laut: Was fällt Ihnen am Rhythmus auf?

2. INHALT

(3) Was ist das Thema des Gedichts? Wird es ausdrücklich formuliert? Wird es durch die Überschrift angekündigt? Welche Motive werden benutzt, um das Thema zu gestalten?
(4) Gibt es in dem Gedicht eine gedankliche Entwicklung?

3. FORM UND SPRACHE

(5) Welche Stellen (Wörter, Sätze) sind auffällig oder unklar? Warum? Wenn alles verständlich ist: Woran liegt es?
(6) Welche Bedeutungsfelder sind vorhanden (z. B. Natur, Tageszeiten)?
(7) Was fällt an der optischen Gestalt auf (Druckbild, Satzzeichen, Groß- und Kleinschreibung)? Gibt sie einen Hinweis für die Interpretation?
(8) Ist das Gedicht strophisch gegliedert? Lassen sich den Strophen bestimmte Inhalte zuordnen?
(9) Welches Metrum, welche Reime verwendet der Autor? Welche Wirkung hat das? Gibt es Zeilensprünge? Gibt es Brüche zwischen Versmaß und Sinnbetonung? Welche Bedeutung haben diese Wörter für das Gedicht?
(10) Welche Sprache wird in dem Gedicht verwendet (lyrisch, abstrakt, prosaisch)? Welche Wortarten und Satzarten werden bevorzugt? Gibt es Zeitenwechsel? Was trägt das zur Aussage des Gedichts bei?
(11) Welche Bilder verwendet das Gedicht (Vergleiche, Metaphern, Personifizierungen, Chiffren)? Können sie aus sich oder aus dem Zusammenhang verstanden werden?
(12) Wie bringt sich das lyrische Ich in das Gedicht ein? Wo spricht es in der ersten Person? Welche Bedeutung hat es? Welche Rolle nimmt es ein (er-

lebend, reflektierend, appellierend)? Inwieweit öffnet es sich dem Leser oder verschließt sich vor ihm? Wird im Gedicht ein Du direkt angesprochen? Wer ist damit gemeint?

Formulieren Sie, nach Beantwortung dieser Fragen, eine Interpretationshypothese für das Gedicht, und begründen Sie sie dann schriftlich mit Form und Inhalt.

9 Beispiel eines Gedichtes

Joseph von Eichendorff

Wünschelrute (1835)

Schläft ein Lied in allen Dingen,
Die da träumen fort und fort,
Und die Welt hebt an zu singen,
Triffst Du nur das Zauberwort.

BEMERKUNGEN ZUR ANALYSE UND INTERPRETATION

1. Der Titel *Wünschelrute* nennt einen Gegenstand, der im Gedicht konkret nicht wieder vorkommt. Er wird also als Symbol, in übertragener Bedeutung verwendet. Eine Wünschelrute ist ein Hilfsmittel zum Nachweis von unsichtbaren Wasseradern und Bodenschätzen. Die Benutzung von Wünschelruten setzt eine besondere Fähigkeit voraus. Damit stellen sich folgende Fragen: Welches Unsichtbare ist gemeint? Mit welchem Hilfsmittel kann es nachgewiesen werden? Wer ist dazu fähig?

2. In dem ersten Vers wird von Dingen gesprochen, die hier vermenschlicht werden: Sie *träumen*, in ihnen *schläft ein Lied.*
Ein Lied hat einen volkstümlichen Inhalt und verbindet Dichtung (Sprache) und Musik. Es spricht in poetischer Weise (d.h. es spricht das Gefühl und nicht den Verstand an) Sinn und Bedeutung aus.
Eichendorff meint mit *Dingen* sicher nicht nur die Gegenstände, die unbelebte Natur. Die Bezeichnung *Welt* bestätigt die allgemeinere Bedeutung im Sinne von Wirklichkeit, wahrnehmbarer Außenwelt.
Die ersten beiden Verse sagen also aus, dass es hinter den mess- und berechenbaren Erscheinungen, der Oberfläche, dem objektiv Vorhandenen eine tiefere Bedeutung gibt, die aber *schläft, träumt,* nicht in bewusster Form existiert.

3. In den letzten beiden Versen wird gesagt, dass diese objektiv vorhandene Poesie von jedem einzelnen, der hier mit *Du* direkt angesprochen wird, mit einem Zauberwort geweckt werden kann. Vorausgesetzt wird damit eine besondere Fähigkeit, eine magische Begabung (*Zauberwort*). Aber auch dann hängt es noch vom Zufall ab: das Zauberwort muss getroffen werden.
Eichendorff knüpft hier an ein Märchenmotiv an: z. B. die Zauberformel *Sesam, öffne dich* aus *Ali Baba und die 40 Räuber.* Ist das richtige Zauberwort gefunden, dann *hebt die Welt [hebt] an zu singen.* Die tiefere Bedeutung der Welt offenbart sich in einem Erlebnis von Zusammenhang, Ganzheitlichkeit und Gefühl.

Vorausgesetzt wird damit in diesem Gedicht eine Entfremdungserfahrung: Es gibt keine unmittelbare Einheit mehr von Ich und Welt, von Gefühl und Bedeutung. Sie ist nur eingeschränkt möglich: wenigen Menschen und zufällig.

4. Das Gedicht hat die Form eines Volksliedes.

Es besteht aus einer einzelnen Volksliedstrophe (4 Verse mit Kreuzreim), wobei sich - wie üblich - weibliches (*Dingen-singen*) und männliches (*fort-Wort*) Versende (Kadenz) abwechseln.

Jeder Vers besteht aus vier Trochäen (– ∪ / – ∪ / – ∪ / – ∪). Dadurch wird der Versanfang betont, der Rhythmus ist getragener, bedeutungsvoller. Es gibt keinen Bruch zwischen Versmaß und Sprechrhythmus. Auch das ist typisch für die Einfachheit und Singbarkeit von Volksliedern.

Das ganze Gedicht besteht aus einem einzigen Satz. Es beginnt mit einem Hauptsatz, wobei das vorläufige Subjekt *es* weggelassen ist (s.a. *Kommt ein Vogel geflogen, Sah ein Knab ein Röslein stehn*).

Der letzte Vers ist ebenso gebaut wie der erste, es scheint sich auch hier um einen Hauptsatz zu handeln. Aber es ist ein verknappter Nebensatz, die Konjunktion wenn ist weggelassen (wenn du nur das Zauberwort triffst).

Das Personalpronomen Ich, das unmittelbar auf das lyrische Ich verweisen könnte, kommt nicht vor. Das Du hat eine doppelte Bedeutung. Das lyrische Ich spricht sich selbst an, aber auch den Leser. Es wird zwar eine persönliche Erfahrung mitgeteilt, ohne dass sie genau ausgesprochen wird, diese ist aber verallgemeinerbar, kann auch von anderen nachvollzogen werden. Dadurch erhält das Gedicht einen abstrakten Charakter. Das Gedicht ist also selbst das, wovon es spricht: ein Lied.

5. Die Aussage dieses Gedichts ist typisch für die Romantik (ca 1798-1835). Der romantische Dichter versteht sich nur als Mittler, Sprachrohr für die Poesie, die das eigentliche Wesen von Natur und Welt ausmacht. Er bringt etwas zur Sprache, was sich dem Verstand entzieht und auch nicht planmäßig und berechnend herbeigeführt werden kann. In seiner literaturhistorischen Abhandlung *Über die ethische und religiöse Bedeutung der neueren romantischen Poesie in Deutschland* (1846) schreibt Eichendorff noch deutlicher in Prosa:

Die arme, gebundene Natur träumt von Erlösung und spricht im Traume in abgebrochenen, wundersamen Lauten, rührend, kindisch erschütternd, es ist das alte, wunderbare Lied, das in allen Dingen schläft. Aber nur ein reiner, gottergebener, keuscher Sinn kennt die Zauberformel, die es weckt.

Hier bestimmt er genauer die besondere Begabung, die die Natur erlösen kann.

Novalis hat ein Gedicht mit ähnlicher Aussage geschrieben:

> *Wenn nicht mehr Zahlen und Figuren*
> *Sind Schlüssel aller Kreaturen,*
> *Wenn die, so singen oder küssen,*
> *Mehr als die Tiefgelehrten wissen,*
> *Wenn sich die Weit ins freie Leben*
> *Und in die Weit wird zurückbegeben,*
> *Wenn dann sich wieder Licht und Schatten*
> *Zu echter Klarheit wieder gatten*
> *Und man in Märchen und Gedichten*
> *Erkennt die wahren Weltgeschichten,*
> *Dann fliegt vor einem geheimen Wort*
> *Das ganze verkehrte Wesen fort.*

ERSCHLIESSEN VON TEXTEN

In den Prüfungsaufgaben für die schriftlichen Abiturprüfung im Fach Deutsch kommen die folgenden Erschließungsformen zur Anwendung: **untersuchen, erörtern, gestalten.**

Das untersuchende Erschließen von literarischen bzw. pragmatischen Texten und Medienprodukten ist die Grundlage der beiden anderen Erschließungsformen. Die folgenden Hinweise beziehen sich auf das untersuchende und erörternde Erschließen.

Beim **untersuchenden Erschließen** geht es um die Interpretation literarischer Texte oder um die Analyse pragmatischer Texte, also um die Darstellung eines Textverständnisses.

Beim **erörternden Erschließen** geht es um die Diskussion eines Standpunktes (z. B. der Deutung eines literarischen Werkes), wobei der Widerstreit gegensätzlicher Argumente zu einem nachvollziehbaren eigenen Urteil führen soll.

Es gibt aber auch eine Fülle von Gemeinsamkeiten, die dazu berechtigen, das Kapitel mit einem gemeinsamen Schema für beide Aufgabenarten abzuschließen.

- Grundlage ist meist eine Textstelle, die verstanden werden muss.
- Im Wesentlichen geht es um die Darstellung eines eigenen Standpunktes und seine argumentative Begründung.
- Es soll – dem hermeneutischen Zirkel entsprechend – von einer Interpretations- oder Arbeitshypothese ausgegangen werden, in der ein vorläufiger

Standpunkt formuliert wird. Am Ende der Arbeit wird ein differenzierter, reflektierter Standpunkt erwartet.
- Der Zusammenhang der Arbeit soll durch einen Gedankengang hergestellt werden, der auf das Thema der Arbeit bezogen ist.

Beiden Erschließungsformen gemeinsam ist auch, dass sie im Wesentlichen aus Thesen und Argumenten bestehen.

1 Thesen und Argumente

Unter einer **These** (griech.: Satz, Behauptung) versteht man eine Aussage, die begründet werden muss und bestritten werden kann.

Allgemein anerkannte Tatsachen (z. B. *Alle Menschen sind sterblich*) und Geschmacksurteile (z. B. *Ich liebe Mozart*) sind demnach keine Thesen.

Beispiele:
1. These: *Es ist richtig, dass der Mann und Familienvater den Unterhalt verdient.*
2. These: *Die Überwindung von Vorurteilen ist ein wichtiges Erziehungsziel.*
3. These: *Haschisch sollte rezeptpflichtig gemacht werden.*

Argumente (lat.: Beweismittel) dürfen dagegen keine Behauptungen sein, die erst wieder begründet werden müssen. Die Qualität eines Arguments besteht vor allem darin, dass es ein anderes Argument entkräftet oder die These überzeugend bestätigt oder widerlegt.

ALLGEMEINE REGELN FÜR DIE ARGUMENTATION

1. Grundlage jeder Argumentation sollen feststehende Tatsachen, überprüfte Beobachtungen und Berichte und Ergebnisse der Forschung sein - oder die Erfahrung aus ähnlich gelagerten Fällen.

   Beispiel zur 1. These: *Die Frau bekommt die Kinder, sie ist bei einer Berufsarbeit doppelt belastet.*

2. Behauptungen, die erst wieder begründet werden müssen, sind keine Argumente. Allerdings werden Behauptungen häufig bereits dann akzeptiert, wenn der in ihnen behauptete Sachverhalt als leicht überprüfbar angesehen wird.

   Falsches Beispiel zur 1. These: *Wir leben in einer Leistungsgesellschaft, in der der Mann besser bestehen kann.*

3. Ein Einzelfall ist kein Beweis, da er durch jeden Einzelfall widerlegt werden kann.

   Falsches Beispiel zur 1. These: *Bei unseren Nachbarn arbeitet die Frau auch, da ist immer Krach.*

4. Argumente müssen streng auf die These bezogen sein.

   Beispiel:
   1971 wurde ein Journalist wegen übler Nachrede verurteilt, weil er nach Meinung des Gerichts die Zustände in einer Gefängnisküche unrichtig beschrieben hatte. In der Berufungsverhandlung wurde er freigesprochen.

Der Angeklagte: Im Küchentrakt hausen etwa 100 Mäuse, die das Brot ständig anknabbern und bekoten. Das Pulver für Kartoffelklöße war mit Mäusekot und halb verwesten Mäusekadavern durchsetzt. Zahlreiche Pakete hatten sich zu Mäusefriedhöfen verwandelt. Das Pulver musste dennoch verwandt werden.
Der Staatsanwalt: Es waren nicht ständig 100 Mäuse im Küchentrakt. Das Brot wurde nicht ständig angeknabbert und bekotet. Im Pulver für Kartoffelklöße befand sich nur eine tote Maus.
Hier argumentiert der Staatsanwalt gegen Einzelheiten des Journalisten, aber nicht gegen die Grundaussage.

5. Ein Argument besteht aus einem Beleg (bekannte Tatsachen, erwartete Folgen, anerkannte Werte) und einer Folgerung (neue These, neues Urteil).

   Beispiel zur 3. These: *Mit staatlicher Genehmigung verkauftes Haschisch ist ungefährlicher als das unerlaubt gehandelte, weil die Reinheit kontrolliert wird. Es bestünde nicht mehr die Gefahr der Beimischung von 'harten' Drogen (Morphium, Opium).* (Kann man diese Begründung in Frage stellen?)

6. Zitate können nur dann als Argument dienen, wenn der Autor Untersuchungsergebnisse zusammenfasst.

7. Aussagen, die auf allgemeinen Erfahrungstatsachen beruhen, müssen daraufhin überprüft werden, inwieweit sie keine Vorurteile widerspiegeln.

   Falsches Beispiel zur 1. These: *Die Frau verliert ihre Weiblichkeit im Berufsleben.*

8. Ein Argument überzeugt um so mehr, je besser es ausgestaltet ist.

   Beispiel zur 3. These:
   Mit staatlicher Genehmigung verkauftes Haschisch ist ungefährlicher als das unerlaubt gehandelte.
   Ausgestaltet: Mit staatlicher Genehmigung verkauftes Haschisch ist ungefährlicher als das unerlaubt gehandelte, weil die Reinheit kontrolliert würde. Es bestünde nicht mehr die Gefahr der Beimischung von gefährlichen Drogen (Heroin, Morphium, Opium), die sich auf diese Weise einen festen Kundenkreis von Süchtigen heranziehen. Ist ein Mensch erst süchtig, ist die Zerstörung seiner Persönlichkeit kaum noch aufzuhalten.

9. Ein Argument sollte allgemeingültig sein, deshalb wird es möglichst abstrakt formuliert, d.h. vom Einzelfall gelöst. Es wird aber besser im Gedächtnis behalten, wenn es durch Beispiele veranschaulicht wird.

   Beispiel zur 2. These: *Vorurteile erhöhen die Manipulierbarkeit des Menschen. So konnte Hitler antisemitische Vorurteile seiner Zuhörer aufgreifen, verstärken und für seine Politik nutzbar machen.*
   (Es ist aber umstritten, dass Menschen überhaupt manipulierbar sind.)

10. Bei der Argumentation sollte darauf geachtet werden, dass nicht einer der folgenden logischen Fehler gemacht wird:

   a) ZIRKELSCHLUSS: Die Folgerung ist in den Belegen schon enthalten, bringt also nichts Neues.

   Beispiel: *Michael ist ein Lügner. Deshalb sagt er nie die Wahrheit.*

b) TRUGSCHLUSS: Aus den Belegen wird etwas gefolgert, was nicht darin enthalten ist.

Beispiel: *Das Wort „Demokratie" heißt „Volksherrschaft" und kommt aus dem Griechischen, in Griechenland herrschte also das Volk.*

c) FALSCHER ANALOGIESCHLUSS:
Beispiel: *Wer raucht, greift auch zu Rauschmitteln.*

d) RÜCKGRIFF AUF FALSCHE ALLAUSSAGE:
Beispiel: *Frauen sind schlechte Autofahrer. Deshalb ist Erika gestern gegen einen Baum gefahren.*

2 Untersuchendes Erschließen

Analyse, griech.: Zergliederung, Untersuchung
Interpretation, lat.: Auslegung, Erklärung, Deutung, Auffassung

Im Folgenden wird das untersuchende Erschließen literarischer Texte erläutert.
Literarische Texte enthalten mehr, als auf der unmittelbaren Ebene der Sätze deutlich wird, sie **bedeuten** etwas.
Diese Bedeutungen sind dem normalen Leser, der sich z. B. in einen Roman hineinziehen lässt, nur undeutlich fühlbar oder überhaupt verschlossen. Dabei geht es nicht um die Frage, was der Autor mit seinem Text gemeint hat. Die Aussage eines Textes geht oft weit über die bewussten Absichten des Autors hinaus.

Aufgabe einer **Interpretation** ist es, Einblicke in die Aussagen eines Textes zu geben, die unter der Oberfläche liegen, in die Absichten, die der Text (meist unausgesprochen) verfolgt.

Aufgabe einer **Analyse** ist es, die Art zu untersuchen, wie ein Text dieses Ziel erreicht, und die Mittel, die er einsetzt.

Untersuchendes Erschließen verbindet Analyse und Interpretation, da beides kaum zu trennen ist: Die Mittel eines Textes sind nur dann verständlich, wenn sie in ihrer Funktion für die Aussage gesehen werden. Und die Bedeutung bleibt willkürlich und beliebig, wenn sie nicht aus der konkreten Form des Textes abgeleitet wird.

Untersuchendes Erschließen ist die schriftliche Darstellung eines Textverständnisses, bestehend aus der Analyse im engeren Sinne und der Interpretation.

Den STOFF [Inhalt, M.Z.] *sieht jedermann vor sich, den GEHALT* [Aussage, M.Z.] *findet nur der, der etwas hinzuzufügen weiß, und die FORM ist ein Geheimnis den meisten.*   Johann Wolfgang von Goethe

Zur Verdeutlichung werden im Folgenden Analyse und Interpretation getrennt näher charakterisiert:

Bei der **Analyse** werden einzelne Textelemente (Inhalt, Struktur, Sprache) untersucht. Darüber hinaus können auch textübergreifende Faktoren, die für das

Verständnis eines Textes von Bedeutung sind, berücksichtigt werden: Biographie des Autors, soziale Bedingungen der Entstehungszeit, Motivgeschichte usw.

Die Analyse lässt einen Text bzw. eine Textstelle vielschichtiger und aspektreicher erscheinen, als es eine einfache Beschreibung täte. Voraussetzung ist allerdings, dass ein erstes Verstehen vorhanden ist, also eine Vorstellung von der zentralen Thematik (eine Interpretationsthese).

Nur dann können
- Zusammenhänge innerhalb eines Textes aufgezeigt werden,
- sprachliche Mittel und ihre Wirkung benannt werden.

Bei der **Interpretation** werden alle Einzelbeobachtungen aus der Analyse unter deutenden Gesichtspunkten, die am besten in Interpretationsthesen vorformuliert werden, zusammengefasst (siehe die Beispiele am Ende der vorangegangenen Kapitel).

Beim untersuchenden Erschließen literarischer Texte geht es um die Beantwortung der folgenden Fragen:

Wer? Autor (Biographie, Werk), historischer Hintergrund

Was? Inhalt, Thema, Problem, Stoff

Wie? Form, Gattungszugehörigkeit (Epik, Drama, Lyrik und zugehörige Merkmale), Sprache (Wortarten, Syntax, Stil) u.a.

Wem? Adressat (welcher?, wie wird er einbezogen?)

Warum? Aussage des Textes, evt. Vergleich mit der bewusstes Absicht des Autors

Das Verständnis eines Textes hängt wesentlich von der Bewusstheit und damit auch von den Lebensumständen (persönlich, sozial, historisch) des Lesers ab.

Es gibt deshalb kein Rezept für das untersuchende Erschließen.

Im Folgenden sind nur einige Hinweise zusammengestellt, die eine Hilfe bei der Vermeidung von Fehlern sein sollen:

Bei der Niederschrift des untersuchenden Erschließens ist darauf zu achten, einem anderen, der sich nicht so gründlich mit dem Text beschäftigt hat, verständlich zu machen, worum es in dem Text geht, wie er gemacht ist und wie er zu beurteilen ist.

Das Textverständnis zeigt sich in einer übergeordneten Interpretationsthese, die spätestens in der Zusammenfassung am Ende der Arbeit formuliert werden sollte. Findet man nicht sofort eine Interpretationsthese, so empfiehlt es sich, mit einer Arbeitshypothese anzufangen, an der sich die weitere Analyse orientiert und die dann im Verlauf der Arbeit zur übergeordneten Interpretationsthese ausgearbeitet wird.

Die Interpretationsthese darf nicht zu eng am Text liegen (z. B. nur das Thema angeben: *Im Text ist der Konflikt des Ehepaares X dargestellt,* was als Arbeitshypothese durchaus geeignet ist), sie darf aber auch nicht zu allgemein sein (d.h. nichts Genaues mehr über den Text aussagen: *Es handelt sich um einen gesellschaftskritischen Text.)*

Eine Aufgabenstellung für das untersuchende Erschließen besteht in der Regel aus Thema, Aufgabenart und Aufgabenstellung:

Thema: Weltbild in der barocken Lyrik

Aufgabenart: **Untersuchendes Erschließen**

Aufgabe: Analysieren und interpretieren Sie das Gedicht *Tränen des Vaterlandes* von Andreas Gryphius

Gedicht: ...

Untersuchendes Erschließen kann z. B. folgendermaßen gegliedert werden:

1. Orientierung an den sog. W-Fragen:

1) Was? (Titel, Thema, Zusammenfassung des Inhalts)
2) Wie? (Besonderheiten von Form und Sprache)
3) Warum? (Aussage, Bedeutung)

Eine solche Gliederung ist zwar leicht überschaubar und systematisch, es besteht aber die Gefahr, dass es zu keinem zusammenhängenden Gedankengang kommt.

2. Orientierung am Verlauf des Textes:

1) Untersuchung des Aufbaus oder des Gestaltungsprinzips des Textes (Einteilung in Sinnabschnitte)
2) Analyse und Interpretation der Abschnitte nach inhaltlichen, formalen und sprachlichen Gesichtspunkten (Beschränkung auf wesentliche Besonderheiten, Aufzeigen der gegenseitigen Bezüge)
3) Zusammenfassende Deutung des gesamten Textes (evtl. Ergänzung: Epochenzugehörigkeit, Wirkung usw.)

Hier besteht die Gefahr der Textparaphrase, d.h. einer Nacherzählung, die mehr oder weniger mit Aussagen zur Form und Deutung des Textes verbunden wird. Es ist deshalb darauf zu achten, dass ein Gedankengang vorhanden ist, der sich an Begriffen (z. B. dem vorgegebenen Thema) und orientiert.

3. Orientierung an einem übergeordneten Aspekt

Bei dieser Methode wird der Versuch unternommen, Inhalt, Form und Sprache des Textes unter einem einheitlichen Aspekt zu analysieren und zu deuten. Als zentrale Gesichtspunkte kommen in Frage:

werkimmanent	- der Titel des Textes	- das Hauptmotiv
	- das Thema	- ein Schlüsselwort
	- ein zentraler Konflikt	- ein Zentralsymbol
werkextern	- die Biographie des Dichters	
	- die Entstehung des Gedichts	
	- die Funktion im Einzel- oder Gesamtwerk	
	- die Einordnung in eine Epoche (literaturgeschichtlich, kunstgeschichtlich, politisch, gesellschaftlich)	

Diesem zentralen Gesichtspunkt werden alle Einzelheiten untergeordnet.

4. Verbindung der 2. und 3. Methode

In Klausuren wird meist eine Verbindung der letzten beiden Methoden verlangt. Durch das **Thema** (inhaltlicher und methodischer Leitfaden) ist häufig ein übergeordneter Aspekt vorgegeben, mit dem alle Einzelbeobachtungen in Zusammenhang gebracht werden sollen.

Eine Gliederung untersuchenden Erschließens zu der o.g. Aufgabenstellung könnte so aussehen:

1)
Die **Arbeitshypothese** ist eine erste Zusammenfassung dessen, worum es offenbar geht. Sie sollte einen Bezug zum **Thema** herstellen und bereits ein zentrales formales Element enthalten.
Inhaltliche **Struktur/Gliederung** des Textes (Handlungsablauf, Gedankengang, hierbei Verweis auf zentrale Textstellen und Entwicklungen).

2)
Ausgehend von den einzelnen Sinnabschnitten und zentralen Textstellen: Erarbeitung der **sprachlich-stilistischen Darstellungsmittel** (Überschrift, Erzähler/Lyrisches Ich, Sprachbilder usw.), der Epochenmerkmale u.a. – immer mit Bezug auf ihre Funktion und Bedeutung und die gedankliche Entwicklung.

3)
Zusammenfassung der Ergebnisse, eventuell mit Korrektur oder Erweiterung der Arbeitshypothese.

3 Erörterndes Erschließen

Erörterndes Erschließen ist die Darstellung einer gedanklichen Auseinandersetzung mit einem Thema, einem Problem oder einem Text.

- Bezieht sich die Erörterungsaufgabe auf einen Text bzw. ein Zitat, dann kommt es zunächst darauf an, den Text in seinen Aussagen und seiner Argumentation genau zu verstehen, sich dann kritisch damit auseinander zu setzen und schließlich zu einem eigenen Urteil zu finden.
- Ist das Thema durch einen Text gegeben, so ist der erste Arbeitsschritt die Herausarbeitung des Problems (der zentralen These(n)), damit klar ist, was diskutiert werden soll. Entscheidende Begriffe müssen gegebenenfalls definiert werden.
- Es ist hilfreich, die Argumentationsrichtung anzukündigen (durch eine sog. Arbeitshypothese, in der der eigene Standpunkt vorformuliert wird).
  Es wird erwartet, dass **für** und **wider** die These(n) argumentiert wird, also auch versucht wird, den Gegenstandpunkt argumentativ zu stützen, den man nicht teilt. Erörterndes Erschließen hat also den Charakter eines imaginären Dialoges mit einem vorgestellten Gegner der eigenen Auffassung.
- Da die Erörterungsthemen meist Interpretationen literarischer Texte sind, kommen als Argumente fast ausschließlich Textbelege in Frage. Eine solche Erörterung setzt also ein gründliches Textverständnis voraus.
  - Der eigene Standpunkt, mit dem die Erörterung schließen soll, soll sich aus der Argumentation ergeben, durch sie vorbereitet sein. Er muss sich auf das Thema bzw. die Thesen des gegebenen Textes beziehen.

Eine Erörterung kann folgendermaßen gegliedert werden:

1. Dialektische Erörterung: Pro und Contra im Block

1) Darstellung des Problems, das diskutiert werden soll, Klärung der entscheidenden Begriffe, evtl. Formulierung des vorläufigen eigenen Standpunktes.
2) Darstellung der ersten These und der Argumente und Beispiele, die sie begründen.
   Darstellung der Gegenthese und der Argumente und Beispiele, die sie begründen.
3) Entscheidung für eine der Thesen oder eine neue, differenziertere These, eigene Stellungnahme.

Dieses Verfahren ermöglicht die systematische Darstellung der beiden Thesen und ihrer Begründungen. Der Nachteil ist aber, dass die Argumente zu wenig aufeinander bezogen sind, so dass die Entscheidung am Schluss nicht immer überzeugend ist.

2. Laufende Antithetik

1) Darstellung des Problems, das diskutiert werden soll, Klärung der entscheidenden Begriffe, Darstellung von These und Gegenthese im Überblick, evtl. Formulierung des vorläufigen eigenen Standpunktes.
2) Darstellung des ersten Argumentes, Beispiels, Konfrontation mit dem Gegenargument, Formulierung eines Zwischenergebnisses.
   Darstellung des zweiten Argumentes, Beispiels, Konfrontation mit dem Gegenargument, Formulierung eines Zwischenergebnisses.
   ... usw.
3) Entscheidung zugunsten der These, der Gegenthese oder einer neuen, differenzierten These.

Dieses Verfahren orientiert sich an einer Diskussion und wirkt deshalb lebendiger als das erste Verfahren. Allerdings ist es häufig schwierig, überzeugende Gegenargumente zu finden.

Wie schon beim untersuchenden, ist es auch beim erörternden Erschließen notwendig, Überleitungssätze zu formulieren, den Bezug zur Aufgabenstellung immer wieder ausdrücklich deutlich zu machen, gedankliche Verknüpfungen deutlich zu machen.

Dazu sind Formulierungen der folgenden Art hilfreich:

Für die These spricht, dass...	*Auch wenn der Autor der Überzeugung ist ...*
Andererseits ist ...	*Dagegen könnte eingewandt werden ...*
Vielmehr ist festzustellen, dass ...	*Jedoch ist auch noch zu berücksichtigen...*
Es mag zutreffen, dass ...	*Allerdings muss auch gesagt werden...*
Ich komme nun zu der Frage, ob ...	*Sicherlich kann angenommen werden...*
	Es gibt einige Belege für diese Annahme...
Man ersieht daraus, dass ...	*Aus diesen Anhaltspunkten ergibt sich mit*
Ich wende mich nun dem ... zu.	*einiger Schlüssigkeit, dass ...*

4 Gemeinsamkeiten von untersuchendem und erörterndem Erschließen, häufige Fehler

Die Aufgabenstellung besteht aus Thema, Aufgabenart und Aufgabenstellung

Das Thema (Ausgangspunkt, Zentrum und Ergebnis der Arbeit) gibt den inhaltlichen Schwerpunkt an, auf den sich die Arbeit konzentrieren soll und zu dem sie ein Ergebnis erarbeiten soll.
Methodisch sinnvoll ist es, das Thema in eine Frage oder eine These umzuformulieren. Jedes Thema enthält eine Fragestellung bzw. ein Problem, auf das sich das Ergebnis beziehen soll.
Die Themenstellung hat - in der Regel - noch nichts mit der Aufgabenart zu tun.

Die **Aufgabenart** (untersuchendes bzw. erörterndes Erschließen) definiert, auf welche Weise das Thema bearbeitet werden soll.

Die **Aufgabenstellung** hat in der Regel die Form:

Untersuchendes Erschließen: Analysieren und interpretieren Sie ...
(Häufiger Zusatz: Berücksichtigen Sie dabei ...)
Erörterndes Erschließen: Erörtern Sie, ob bzw. inwieweit Sie dem folgenden Zitat zustimmen können.

Untersuchendes und erörterndes Erschließen können nach dem folgenden Schema aufgebaut werden:

Untersuchendes Erschließen	Erörterndes Erschließen
Im Zentrum steht:	
TEXT Fiktionaler oder expositorischer Text	**POSITION** KOMMENTAR, THESE zu einem Text, Autor, Epoche, Gattung etc.
In Verbindung mit dem Thema gilt es, eine These zum Text zu erarbeiten.	In Verbindung mit dem Thema gilt es, zuerst den gegebenen Text zu erarbeiten.
(Jede Textanalyse enthält einen Erörterungsteil.)	(Jede Problemerörterung enthält einen textanalytischen Teil.)
1. ARBEITSHYPOTHESE ZUM THEMA	
... aufgrund einer ersten vorläufigen Erschließung von Thema und Text	... aufgrund einer ersten vorläufigen Erschließung von Thema und These
2. ERARBEITUNG	
genaue Erarbeitung des Textes in seinen inhaltlichen und formalen Merkmalen und unter Berücksichtigung von biographischen, Werk- und Epochenbezügen etc. mit Hilfe von Fachkenntnis der Stilmittel. Formelemente und Inhaltsaspekte sind nur in Verbindung miteinander sinnvoll und aussagekräftig. Kein Text ohne Deutung! Keine Deutung ohne Text.	Differenzierte Diskussion von Pro- und Contra-Argumenten zur These unter Berücksichtigung von biographischen, Werk- und Epochenbezügen etc.

3. ERGEBNIS
INTERPRETATIONSTHESE/STANDPUNKT ZUM THEMA,   - kann der Arbeitshypothese widersprechen,   - kann sie differenzieren oder sie - auf fundiertem Niveau - bestätigen,   - ist jedoch nie Wiederholung der Arbeitshypothese.

Häufige Fehler bei untersuchendem bzw. erörterndem Erschließen

- FEHLENDER GEDANKENGANG: Es ist kein zusammenhängender Gedankengang (in der Regel vom Einfachen zum Komplizierten) erkennbar bzw. als solcher kenntlich gemacht.
- FEHLENDE RHETORIK: Es wird nicht deutlich gemacht, an welcher Stelle des Gedankenganges man sich befindet bzw. welche Bedeutung bestimmte Argumente und Beispiele für den Gedankengang haben.
- NACHERZÄHLUNG (beim untersuchenden Erschließen): Untersuchendes Erschließen hat argumentativen Charakter, denn es soll eine Interpretationsthese untermauern. Deshalb sind alle Formen der Inhaltsangabe (außer in der Einleitung) und Nacherzählung zu vermeiden. Anstatt entlang des Textes (d.h. Satz für Satz) zu arbeiten, ist es empfehlenswerter, den Text zunächst unter dem Gesichtspunkt des Themas in Abschnitte einzuteilen und diese Abschnitte als Einheit zu behandeln.
- ANEINANDERREIHUNG VON ARGUMENTEN (beim erörternden Erschließen), ohne deutlich zu machen, in welchem Bezug diese Argumente zueinander stehen oder welche These damit gestützt bzw. widerlegt werden soll.
- VERLASSEN DER SACHLICHEN EBENE, indem Figuren, Themen usw. des literarischen Textes eher als Ventil genommen werden, um über persönliche Schwierigkeiten zu schreiben oder Meinungen zu äußern. Dies kann z. B. beim untersuchenden Erschließen so aussehen, dass literarischen Figuren gute Ratschläge gegeben und Handlungsalternativen vorgeschlagen werden. Literarische Figuren sind aber keine wirklichen Personen. Sie sind gemacht (fiktional), nur in der Sprache vorhanden und zwar so, wie sie sind.
- IRONIE und eigene METAPHORIK müssen vermieden werden, da das, was gesagt werden soll, hinter indirekten oder bildlichen Formulierungen verborgen ist.
- SATZBAU- und BEZUGSFEHLER entstehen z. B. leicht durch lange Sätze sowie und-Konstruktionen.
- RECHTSCHREIBUNGSFEHLER: Verwendung nicht erlaubter Abkürzungen. (erlaubt sind: z. B., evtl., u.a., S., Z., V.)
- ARGUMENTATIONSSCHWÄCHEN: Formulierungen mit *man* und falsche Verallgemeinerungen, z. B. über die Aussage eines Textes. Literarische Texte sind meist weder moralische noch philosophische Texte, sondern stellen einen Einzelfall dar.
- Aussagen wie: *Sie durchschaut die Zusammenhänge nicht.* ohne weitere Erläuterungen. Hier wird es dem Leser überlassen, sich Gedanken darüber zu machen, welche Zusammenhänge warum nicht durchschaut werden.
- ZITATE in Klammern oder Zitate ohne Auswertung: Zitate sind sowohl beim untersuchenden als auch beim erörternden Erschließen Argumente. Deshalb

müssen sie gedeutet werden, dürfen nicht für sich selbst sprechen und sind ein wichtiger Bestandteil des Gedankenganges.

5 Einige Zitierregeln

1. Zitate werden durch Anführungszeichen gekennzeichnet.
   Beispiel: *„Ende gut, alles gut" ist ein bekanntes Sprichwort.*
2. Zitate müssen genau mit der Vorlage übereinstimmen, also auch mit ihren Fehlern.
3. Auslassungen im Zitat werden mit eckigen Klammern [...] bezeichnet. Der gekürzte Satz muss aber grammatisch korrekt bleiben.
   Beispiel: *Ich [...] spinne so allein.*
   Die Kürzung darf auch den Sinn des Satzes nicht entstellen.
4. Werden Textteile in einen eigenen Satz eingebaut, so müssen sie evtl. ergänzt werden (in eckigen Klammern), damit der Satz grammatisch korrekt ist.
   Beispiel: *Sie spinnt einen, wie sie sagt, „klar[en] und rein[en]" Faden.*
5. Manchmal ist im Zitat ein erläuternder Hinweis notwendig. Besonders häufig ist, dass eine Person im zitierten Text nur mit dem Personalpronomen bezeichnet ist, der Leser aber wissen muss, von wem die Rede ist. Ein solcher Einschub wird in eckige Klammern gesetzt.
   Beispiel: *„Ich hatte ihm [Peter] von zu Hause erzählt."*
6. Nimmt ein vollständiger zitierter Satz die Stelle eines Satzgliedes oder Attributes ein, dann wird er nicht mit einem Punkt abgeschlossen.
   Beispiel: *„Aller Anfang ist schwer", sagen meine Eltern immer.*
   Das Sprichwort „Eigener Herd ist Goldes wert" hängt bei meiner Oma in der Küche.
7. Versenden werden durch Schrägstrich gekennzeichnet. Die Quellenangaben sind Teil des Zitats, deshalb steht das Satzzeichen erst danach.
   Beispiel: *Der letzte Satz von „Faust 2" lautet: „Das Ewig-Weibliche / Zieht uns hinan" (S.223, V.12110 f.).*

QUELLENANGABEN

Aristoteles: Poetik. Stuttgart: Reclam 1961
Astel, Arnfrid: Umweltverschmutzung. In: Zwischen den Stühlen sitzt der Liberale auf seinem Sessel. Darmstadt, Neuwied: Luchterhand 1974
Becker, Jurek: Schlaflose Tage. Frankfurt am Main: Suhrkamp 1980
Beckett, Samuel: Warten auf Godot. Frankfurt am Main: Suhrkamp 1971
Benn, Gottfried: Ein Wort. In: Sämtliche Werke. Stuttgarter Ausgabe. Band I: Gedichte 1 Stuttgart: Klett-Cotta 1986, S.198
Bernhard, Thomas: Gehen. Frankfurt am Main: Suhrkamp Taschenbuch 1971
Best, Otto F.: Handbuch literarischer Fachbegriffe. Definitionen und Beispiele. Frankfurt am Main: Fischer 1982
Bienek, Horst: Werkstattgespräche mit Schriftstellern. München: Deutscher Taschenbuch Verlag 1969

Borchert, Wolfgang: Die traurigen Geranien. In: Die traurigen Geranien und andere Geschichten aus dem Nachlass. Hamburg: Rowohlt 1967, S.7-9

Brecht, Bertolt: Das epische Theater. In: Gesammelte Werke, Band 15. Frankfurt am Main: Suhrkamp 1967, S.263 f.

Brecht, Bertolt: Der kaukasische Kreidekreis. In: Werke a.a.o., Band 5, S.1999-2105

Brecht, Bertolt: Über experimentelles Theater. In: Werke a.a.o., Band 15, S.285-304

Brentano, Clemens: Der Spinnerin Lied. In: Echtermeyer, a.a.o., S.345

Büchner, Georg: Woyzeck. In: Werke und Briefe. München, Wien: Hanser Bibliothek, 1980

Celan, Paul: Ins Nebelhorn. In: Mohn und Gedächtnis. Stuttgart: Deutsche Verlags-Anstalt, 1952

Claudius, Matthias: Abendlied. In: Echtermeyer a.a.o., S.146

Courths-Mahler, Hedwig: Vergib Lori. München: Bastei, o.J.

Döblin, Alfred: Berlin Alexanderplatz. München: Deutscher Taschenbuch Verlag 1977

Echtermeyer, Wiese: Deutsche Gedichte. Düsseldorf: Bagel 1966

Eichendorff, Joseph von: Aus dem Leben eines Taugenichts. In: Werke. München: Hanser, 1971

Eichendorff, Joseph von: Mondnacht. In: Werke a.a.o., S.271

Eichendorff, Joseph von: Wünschelrute. In: Werke a.a.o., S.103

Fontane, Theodor: Effi Briest. München 1959

Frenzel, Elisabeth: Motive der Weltliteratur. Stuttgart: Kröner 1976

Frisch, Max: Stiller. Frankfurt am Main: Suhrkamp (st 105) 1973

Gelfert, Hans-Dieter: Wie interpretiert man ein Gedicht. Stuttgart: Reclam 1990

Gelfert, Hans-Dieter: Wie interpretiert man einen Roman. Stuttgart: Reclam 1993

Goethe, Johann Wolfgang von: Die Leiden des jungen Werther. Stuttgart: Reclam 1986

Goethe, Johann Wolfgang von: Iphigenie auf Tauris. In: Goethes Werke in zwölf Bänden. Dritter Band. Berlin und Weimar: Aufbau-Verlag 1974

Goethe, Johann Wolfgang von: Nähe des Geliebten. In: Werke a.a.o., Erster Band, S.200

Goethe, Johann Wolfgang von: Natur und Kunst. In: Werke a.a.o., Erster Band, S.299

Goethe, Johann Wolfgang von: Wilhelm Meisters Lehrjahre. In: Werke a.a.o., Sechster Band.

Gutzen, Dieter / Oellers, Norbert / Petersen, Jürgen H.; Einführung in die neuere deutsche Literaturwissenschaft. Ein Arbeitsbuch. Berlin: Schmidt 1976

Hamburger, Käte: Die Logik der Dichtung. Stuttgart: Klett 1968

Handke, Peter: Die Angst des Tormanns beim Elfmeter. Frankfurt am Main: Suhrkamp, 1970

Hermes, Eberhard: Abiturwissen Drama. Stuttgart: Klett 1989

Hermes, Eberhard: Abiturwissen Erzählende Prosa. Stuttgart: Klett 1985

Hermes, Eberhard: Abiturwissen Lyrik. Stuttgart: Klett 1986

Hölderlin, Friedrich: Hyperion. In: Werke und Briefe. Band 1. Frankfurt am Main: Insel, 1969

Hölderlin, Friedrich: Lebenslauf. In: Werke a.a.o., Band 1., S.74

Hoffmann, E.T.A.: Der goldne Topf. In: E.T.A. Hoffmanns Werke. Erster Band. Frankfurt am Main: Suhrkamp 1967

Jelinek, Elfriede: Die Klavierspielerin. Reinbek bei Hamburg: Rowohlt 1983

Johnson, Uwe: Ingrid Babendererde. Reifeprüfung 1953. Frankfurt am Main: Suhrkamp, 1992

Kafka, Franz: Bericht für eine Akademie. In: Sämtliche Erzählungen. Frankfurt am Main und Hamburg: Fischer Bücherei 1970

Kafka, Franz: Der Process. Frankfurt am Main: Fischer Taschenbuch Verlag, 1993

Kirsch, Sarah: Die Luft riecht schon nach Schnee. In: Katzenkopfpflaster. München: Deutscher Taschenbuch Verlag 1978, S.82

Kleist, Heinrich von: Der Prinz von Homburg. In: Sämtliche Werke und Briefe in vier Bänden. Zweiter Band. München, Wien: Hanser 1982

Kleist, Heinrich von: Die Marquise von O... In: Werke a.a.o., Dritter Band

Kleist, Heinrich von: Mutterliebe. In: Werke a.a.o., Dritter Band
Kleist, Heinrich von: Penthiselea. In: Werke a.a.o., Erster Band
Kleist, Heinrich von: Zweikampf. In: Werke a.a.o., Dritter Band
Klotz, Volker: Geschlossene und offene Form im Drama. München: Hanser 1969
Kwiatkowski, Gerhard [Hrsg.]: Schülerduden Die Literatur. Mannheim. Leipzig. Wien. Zürich: Duden 1989
Mann, Thomas: Doktor Faustus. Frankfurt am Main: Fischer 1981
Mann, Thomas: Enttäuschung. In: Die Erzählungen. Frankfurt am Main: Fischer Taschenbuch 1986
Mann, Thomas: Mario und der Zauberer. In: Die Erzählungen. Frankfurt am Main: Fischer Taschenbuch 1986
Mann, Thomas: Schwere Stunde. In: Die Erzählungen. Frankfurt am Main: Fischer Taschenbuch 1986
Mann, Thomas: Tonio Kröger. In: Erzählungen. Frankfurt am Main: Fischer Taschenbuch Verlag 1986
Matt, Peter von: Liebesverrat. Die Treulosen in der Literatur. München: dtv 1991
Meyer, Conrad Ferdinand: Zwei Segel. In: Echtermeyer a.a.o., S.514
Morgenstern, Christian: Die beiden Flaschen. In: Galgenlieder. Berlin: Verlag von Bruno Cassirer 1920, S.34
Musil, Robert: Der Mann ohne Eigenschaften. Reinbek bei Hamburg: Rowohlt 1978
Nietzsche, Friedrich: Vereinsamt. In: Echtermeyer a.a.o., S.514
Novalis: Wenn nicht mehr Zahlen und Figuren. In: Echtermeyer a.a.o., S.332
Rilke, Rainer Maria: Der Panther. In: Echtermeyer a.a.o., S.566
Robbe-Grillet, Alain: Die Jalousie oder die Eifersucht. Stuttgart: Reclam 1966
Saavedra, Miguel de Cervantes: Leben und Taten des scharfsinnigen Edlen Don Quixote von la Mancha. Wiesbaden: Vollmer 1975
Schlink, Bernhard: Der Vorleser. Zürich: Diogenes 1997
Schnitzler, Arthur: Fräulein Else. In: Fräulein Else und andere Erzählungen. Frankfurt am Main: Fischer Taschenbuch Verlag 1987
Schnurre, Wolfdietrich: Gehorsam. In: Protest im Parterre. München 1957, S.55
Schulz von Thun, Friedemann: Miteinander reden. Störungen und Klärungen. Allgemeine Psychologie der Kommunikation. Reinbek bei Hamburg: Rowohlt 1981
Stanzel, Franz K.,: Typische Formen des Romans, Göttingen: Vandenhoeck & Ruprecht, 1964
Strauß, Botho: Die Widmung. München: Deutscher Taschenbuch Verlag 1980
Swift, Jonathan: Gullivers Reisen. edition b., o.J.
Thalmayr, Andreas: Das Wasserzeichen der Poesie. Frankfurt am Main: Eichborn 1990
Valentin, Karl: Das Feuerwerk. In: Gesammelte Werke. München 1961, S.318 f.
Walser, Martin: Jenseits der Liebe. Frankfurt am Main: Suhrkamp 1976
Wernher der Gartenære, Meier Helmbrecht. Leipzig: Reclam 1972
Wilpert, Gero von: Sachwörterbuch der Literatur. Stuttgart: Kröner 1989
Wolf, Christa: Der geteilte Himmel. München: Deutscher Taschenbuch Verlag 1973
Wolf, Christa: Nachdenken über Christa T. Darmstadt und Neuwied: Sammlung Luchterhand 1971
Zweig, Stefan: Phantastische Nacht. Frankfurt am Main: Fischer Taschenbuch Verlag, 1983

REGISTER

HISTORISCHER ÜBERBLICK

Jahr	Literatur	Jahr	Ereignis	Jahr
1000	**MITTELALTER (750-1400)**	1096	Beginn der Kreuzzüge, Einfluss der islamischen Kultur	1000
1100		1122	Wormser Konkordat: Beginn des Territorialfürstentums	1100
1200	Höfische Lyrik / Vagantenlyrik, Epos		13. Jahrhundert: Städtebünde und Beginn der Geldwirtschaft	1200
1300			14. Jahrhundert Beginn der Renaissance in Italien	1300
1400	**BEGINN DER NEUZEIT**	1348	Pest in Europa	1400
			15. Jahrhundert: Buchdruck (1452), Entdeckung Amerikas, Ende von Byzanz	
1500	Volksbücher, Humanismus: Neulateinische Dichtung, Reformation: Kirchenlied	1514	Kopernikus behauptet, dass die Erde rund ist	1500
1550		1517	95 Thesen Martin Luthers, Beginn der Reformation, Aufstand der Reichsritter, Bauernkriege, Wiedertäuferbewegung. Beginn des Absolutismus	1550
1600	Barock (1600-1720) (Martin Opitz, Andreas Gryphius, Grimmelshausen)	1618-1648	Dreißigjähriger Krieg, Aufstieg der Naturwissenschaften	1600
1650		1661	Ludwig XIV. König	1650
1700		1683	Die Türken vor Wien	1700
		1701	Preußen wird Königreich	
1710				1710
1720				1720

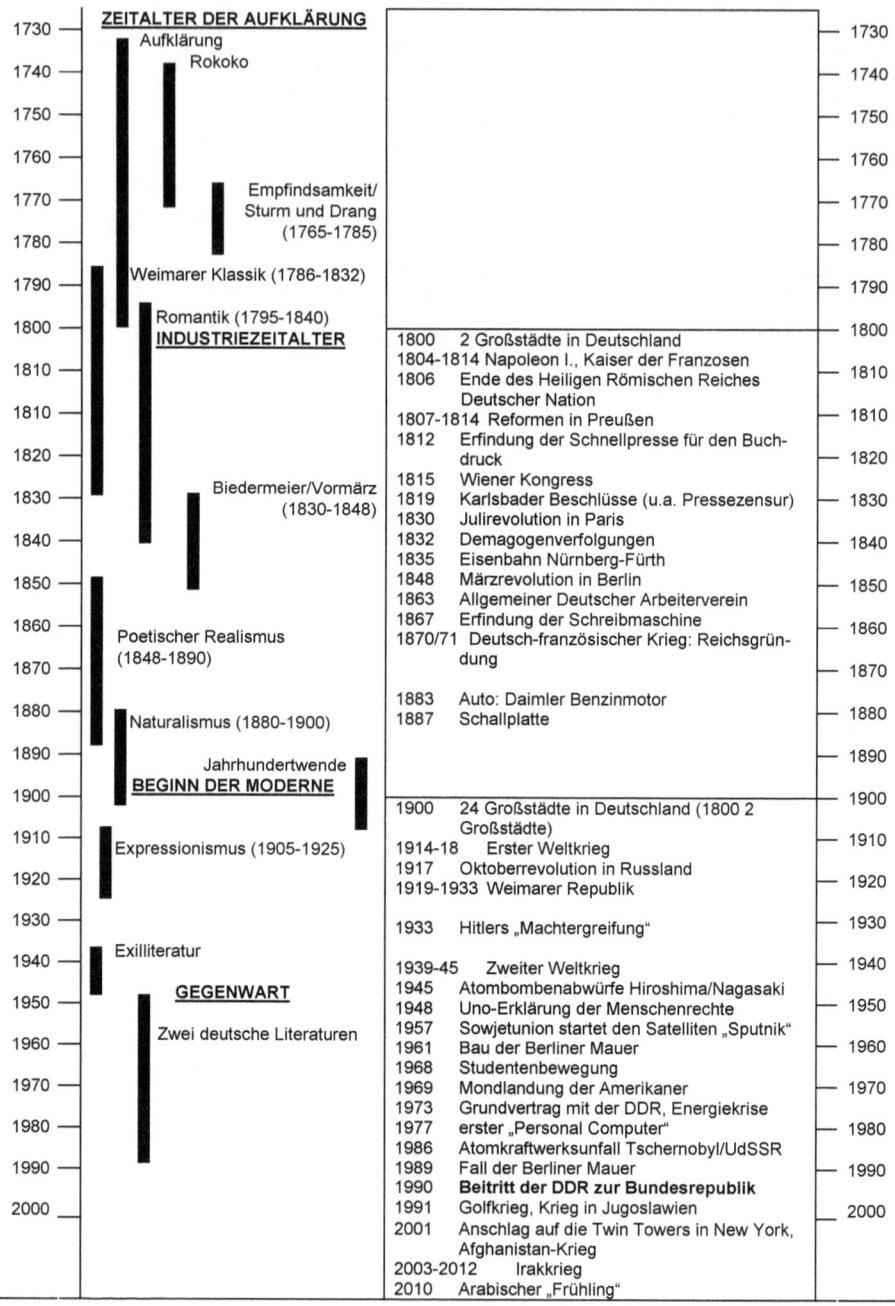

ZEITALTER DER AUFKLÄRUNG

Aufklärung
Rokoko

Empfindsamkeit/
Sturm und Drang
(1765-1785)

Weimarer Klassik (1786-1832)

Romantik (1795-1840)
INDUSTRIEZEITALTER

Biedermeier/Vormärz
(1830-1848)

Poetischer Realismus
(1848-1890)

Naturalismus (1880-1900)

Jahrhundertwende
BEGINN DER MODERNE

Expressionismus (1905-1925)

Exilliteratur

GEGENWART

Zwei deutsche Literaturen

1800	2 Großstädte in Deutschland
1804-1814	Napoleon I., Kaiser der Franzosen
1806	Ende des Heiligen Römischen Reiches Deutscher Nation
1807-1814	Reformen in Preußen
1812	Erfindung der Schnellpresse für den Buchdruck
1815	Wiener Kongress
1819	Karlsbader Beschlüsse (u.a. Pressezensur)
1830	Julirevolution in Paris
1832	Demagogenverfolgungen
1835	Eisenbahn Nürnberg-Fürth
1848	Märzrevolution in Berlin
1863	Allgemeiner Deutscher Arbeiterverein
1867	Erfindung der Schreibmaschine
1870/71	Deutsch-französischer Krieg: Reichsgründung
1883	Auto: Daimler Benzinmotor
1887	Schallplatte
1900	24 Großstädte in Deutschland (1800 2 Großstädte)
1914-18	Erster Weltkrieg
1917	Oktoberrevolution in Russland
1919-1933	Weimarer Republik
1933	Hitlers „Machtergreifung"
1939-45	Zweiter Weltkrieg
1945	Atombombenabwürfe Hiroshima/Nagasaki
1948	Uno-Erklärung der Menschenrechte
1957	Sowjetunion startet den Satelliten „Sputnik"
1961	Bau der Berliner Mauer
1968	Studentenbewegung
1969	Mondlandung der Amerikaner
1973	Grundvertrag mit der DDR, Energiekrise
1977	erster „Personal Computer"
1986	Atomkraftwerksunfall Tschernobyl/UdSSR
1989	Fall der Berliner Mauer
1990	**Beitritt der DDR zur Bundesrepublik**
1991	Golfkrieg, Krieg in Jugoslawien
2001	Anschlag auf die Twin Towers in New York, Afghanistan-Krieg
2003-2012	Irakkrieg
2010	Arabischer „Frühling"